KB112148

굴삭기 운전기능사
실기 편

굴삭기 운전기능사 실기 편

발행일 2019년 9월 25일

지은이 이외진
펴낸이 손형국
펴낸곳 (주)북랩
편집인 선일영 편집 오경진, 강대건, 최승헌, 최예은, 김경무
디자인 이현수, 김민하, 한수희, 김윤주, 허지혜 제작 박기성, 황동현, 구성우, 장홍석
마케팅 김회란, 박진관, 조하라
출판등록 2004. 12. 1(제2012-000051호)
주소 서울시 금천구 가산디지털 1로 168, 우림라이온스밸리 B동 B113, 114호
홈페이지 www.book.co.kr
전화번호 (02)2026-5777 팩스 (02)2026-5747

ISBN 979-11-6299-868-7 13550 (종이책) 979-11-6299-869-4 15550 (전자책)

이 도서의 국립중앙도서관 출판예정도서목록(CIP)은 서지정보유통지원시스템 홈페이지(http://seoji.nl.go.kr)와 국가자료공동목록시스템(http://www.nl.go.kr/kolisnet)에서 이용하실 수 있습니다.
(CIP제어번호: CIP2019037536)

120분 초단기 준비

굴삭기 운전기능사

이외진 지음

목차

I. 소개

1. 저자 • 10
01. 주요 경력 • 10
02. 출판 배경 • 11
03. 출판 콘셉트 • 12
04. 응시 경험 • 13
05. 보유 자격증 및 면허증 • 13
06. 저자 연락처 • 14

2. 참고서 • 15
01. 전체 구성 • 15
02. 페이지 구성 • 17
03. 참고 방법 • 18

3. 시험 • 19
01. 접수 • 19
02. 배점 • 20
03. 위원 • 20
04. 통계 • 21

4. 굴삭기 • 23
01. 개요 • 23
02. 용량 • 23
03. 구조 • 24
04. 제원 • 26
05. 전경 • 27

5. 용어정의 • 36
01. 공통사항 • 36
02. 코스운전 • 38
03. 굴착작업 • 40

II. 코스운전 기본과 원칙

1. 시험장 제원 • 44

2. 코스운전 실사모형 • 46

3. 작업체계 • 50
(5개 대분류-18개 작업단계)

4. 작업단계별 기본과 원칙 • 51
01 | 준비 및 출발
01. 시험시작 전 준비 • 51
02. 탑승 전 준비 • 54
03. 탑승 후 준비 • 57

04. 출발 의사표시 • **59**

05. 코스 출발 • **60**

02 | S 코스 전진

06. 출발선 통과 • **62**

07. 정지선 정차 • **63**

08. 전진주행 • **65**

09. 도착선 정차 • **67**

03 | S 코스 후진

10. 도착선 후진통과 • **72**

11. 정지선 후진통과 • **73**

12. 후진주행 • **75**

13. 종료선 후진통과 • **77**

04 | 종료선 도착

14. 주차구역 • **78**

15. 주차선 • **79**

16. 주차 • **80**

05 | 마무리

17. 기어, 브레이크, 안전벨트 • **85**

18. 정리 및 하차 • **87**

5. 요약정리 • **88**

Ⅲ. 굴착작업 기본과 원칙

1. 시험장 제원 • **98**

2. 굴착작업 실사모형 • **100**

3. 작업체계 • **106**

(5개 대분류-21개 작업단계)

4. 작업단계별 기본과 원칙 • **107**

01 | 작업준비

01. 시험시작 전 준비 • **107**

02. 탑승 전 준비 • **110**

03. 탑승 후 준비 • **114**

04. 작업 의사표시 • **116**

02 | 흙 파기

05. 흙 파기 • **117**

06. 평삭 버킷 • **121**

07. 흙 파기 후 회전 • **124**

08. 평삭 버킷 회전구역 통과 • **128**

09. 흙 쏟기 준비 • **131**

03 | 흙 쏟기

10. 흙 쏟기 • **132**

11. 빈 버킷 • **134**

12. 흙 쏟기 후 회전 • **135**

13. 빈 버킷 회전구역 통과 • **138**
14. 면 고르기 준비 • **139**
04 | 면 고르기
15. 끌면서 면 고르기 • **140**
16. 밀면서 면 고르기 • **142**
17. 면 고르기 상태 • **144**
05 | 마무리
18. 버킷 착지 • **146**
19. 엔진출력, 안전레버 • **147**
20. 기어, 브레이크, 안전벨트 • **148**
21. 정리 및 하차 • **149**

5. 요약정리 • **150**

Ⅳ. 시간안배 시간표와 가상 Point

1. 정의 및 목적 • **162**
01. 시간안배 시간표 • **162**
02. 가상 Point • **162**

2. 코스운전 시간안배 시간표 • **163**
01. 누계 주행거리 및 누계 주행 시간 • **164**
02. 소요 시간 • **164**
03. 권장 누계 시간 • **164**
04. 목표 시간 및 여유 시간 • **164**
05. 기타 • **165**

3. 코스운전 가상 Point • **166**
01. 가상 Point 측정방법 • **167**
02. 가상 Point 결과활용 • **167**

4. 굴착작업 시간안배 시간표 • **168**
01. 작업 시간 • **169**
02. 소요 시간 • **169**
03. 권장 누계 시간 • **169**
04. 목표 시간 및 여유 시간 • **170**
05. 기타 • **170**

5. 굴착작업 가상 Point • 171
01. 가상 Point 측정방법 • 172
02. 가상 Point 결과활용 • 172

V. 발급

1. 자격증 발급 • 174
01. 상장형 자격증 발급 • 174
02. 수첩형 자격증 발급 • 175

2. 건설기계조종사 면허증 발급 • 177

3. 건설기계조종사 정기 적성검사 • 178

VI. 별지

[별지 1]
나만의 코스운전 시간안배 시간표 • 180

[별지 2]
나만의 코스운전 가상 Point • 181

[별지 3]
나만의 굴착작업 시간안배 시간표• 182

[별지 4]
나만의 굴착작업 가상 Point • 183

[별지 5]
전국 중장비 시험장 장비기종 현황 • 184

[별지 6]
시험장에서 바로 실격(불합격)될 수 있는 경우 • 186

맺음말 • 188

I

소 개

몽골 여행 중에, 한국도로공사 포항-영덕 건설사업단 김한익

1. 저자

01. 주요 경력

- 1995년에 취직해서 이직 없이 한 회사에서 꾸준하게 직장생활 중인 평범한 직장인이다. 거울을 볼 때면 풋풋했던 대학생은 온데간데없고 중년의 아저씨가 있다. 진한 커피 맛과 같은 씁쓸함을 느낀다.
- 대학에서 교통공학을 전공하고 건설 관련 회사에 토목직으로 입사했다. 본사에서는 도로관리와 포장관리, 건설사업단에서는 경부고속도로 구미-동대구간 8차로 확장공사, 유지관리부서에서는 경부선, 88선, 중부내륙선, 중앙선 등의 고속도로 유지관리를 담당했었다.
  현재는 고속국도 제65호선 포항-영덕간 고속도로 건설공사를 추진하고 있다.

[교량 가시설 현장]

[교량 빔거치 현장]

- 퇴직 후 귀농을 꿈꾸고 있다. 귀농을 위해 여러 가지를 검토하고 준비하는 과정에서 효율적인 귀농을 위해서는 굴삭기를 직접 조종해야 한다는 사실을 알게 되었다. 이에 필기시험과 실기시험에 응시해 2016년 7월에 합격해서 굴삭기 건설기계조종사 면허증을 발급받았다.
- 취미로는 추리소설 읽기와 턴테이블(Turntable)로 1970~80년대 LP(Long Playing) 레코드(Record) 음악 듣기이다. 여기에 환상의 궁합은 비와 막걸리이다.

02. 출판 배경

■ 굴삭기 운전기능사 시험은 1차 필기시험과 2차 실기시험으로 구성되어 있다. 필기시험은 선택하기 어려울 정도로 다양한 책들이 있는 반면에 실기시험은 참고할 만한 교재를 찾을 수 없다. 이 점에 착안해서 실기시험 교재 발간을 결심했다.

■ 수험생에게 도움이 될 수 있도록 각종 정보를 경험과 말로 전달하는 주먹구구식 방식이 아니고 체계적으로 보기 편하게 정리해 묶어서 책으로 발간하는 것이다. 알고 보면 정보란 새로운 것이 아니고 공개 자료, 수험생 경험, 인터넷 자료, 시험장 관찰 자료 등이다.

■ 한국산업인력공단에서 운영하는 큐넷(Q-Net)에 의하면 2018년을 기준으로 필기시험은 응시 44,294명, 합격 26,000명으로 합격률이 약 59%이다. 실기시험은 응시 40,803명, 합격 16,424명으로 합격률이 약 40%이다. 통계에서 알 수 있듯이 실기시험 합격률이 낮은 편이기 때문에 적절한 참고서가 필요할 것으로 판단했다.

- 실기시험 불합격에 따른 수험생의 경제적 손실은 약 12억 원으로 추산된다(24,379명×50,000원. 원서비, 교통비, 식사비, 시간 손실 등).

■ 현실적으로는 학원 수강이 빨리 합격할 수 있는 방법이다. 그러나 학원비가 경제적으로 부담이 된다. 학원 수업도 체계적이지 않다. 적절한 교재가 없는 경우가 대부분이고 한국산업인력공단의 공개 문제, 요구사항 등에 대한 교육과 강사 노하우를 중심으로 교육이 진행된다.

■ 학원에서 가르치는 코스운전은 전진할 때 얼마를 띄우고 어디에서 핸들을 돌리는 등 학원 자체 공식을 가르치는 경우가 많다. 굴착작업의 경우에도 코스운전과 비슷하게 강사 경험을 토대로 교육하고 있다.

■ 인터넷 동영상으로 독학하는 수험생의 경우에는 정보 취득에 어려움이 더 많을 것으로 추정되며 적절한 참고서가 있으면 상당한 도움이 될 것으로 생각된다.

⚠ 유의사항

◈ 본 참고서는 오롯이 저자의 견해(見解)이다.
◈ 우선 끝까지 읽어 보기를 권한다.
◈ 저자와 생각이 다른 부분에 대해서는 수험생 본인이 합리적으로 판단하여 쓸 것은 쓰고 버릴 것은 버리기 바란다.

03. 출판 콘셉트[참고서의 중심 콘셉트(concept)]

■ 참고서에서 중요시하는 생각과 의도는 실기시험의 2가지 과제에 대하여 과제별로 시간 흐름에 따른 작업단계를 세분화하고 작업단계에 대한 기본과 원칙을 설명하는 것이다.

■ **과제 -1**『코스운전』 시간 흐름에 따른 작업단계는 다음과 같다.
(대분류 5개, 하위 소분류 18개)

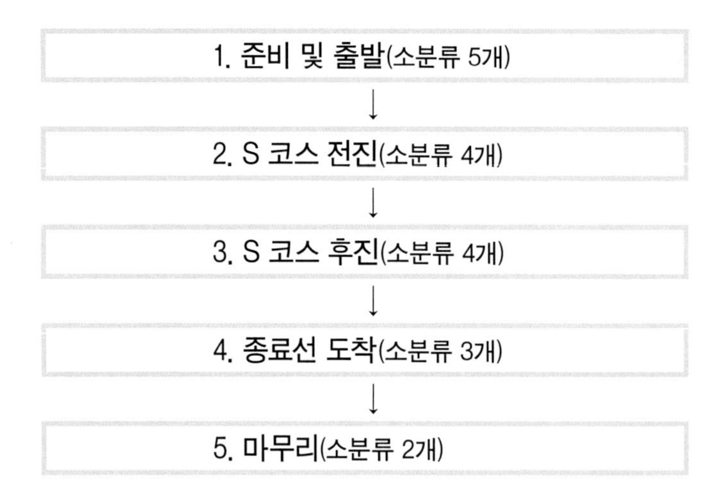

■ **과제 -2**『굴착작업』 시간 흐름에 따른 작업단계는 다음과 같다.
(대분류 5개, 하위 소분류 21개)

04. 응시 경험

- 저자는 필기시험에 한 번에 합격했다. 문제는 실기시험이었다. 학원 수강을 하지 않았기 때문에 참고서가 없어서 어려움이 많았다.
- 첫 시험에서 코스를 통과했고, 굴착도 4번 했고, 흙의 양도 적당해서 고득점 합격을 기대했으나 57점으로 불합격했다.
  두 번째 시험에서 합격하기 위해서는 불합격의 원인을 찾아야 했다. 공단 본사에 몇 차례 문의하였으나 원인을 알 수는 없었다.
- 불합격의 원인을 찾기 위해서는 벤치마킹이 필요했다. 그래서 무작정 시험장에 가서 응시생들을 관찰했다. 처음에는 별 소득이 없었다.
- 점심 먹고 오후시험에서 문득 아이디어가 떠올랐다.
  첫째, 시험 진행 시간 흐름에 따라 작업단계별로 준비와 연습이 필요하다.
  둘째, 수험생이 아닌 감독위원 관점에서 작업해야 한다.
- 작업단계별로 준비와 연습을 했고 두 번째 시험에서 합격했다.

05. 보유 자격증 및 면허증

- 토목기사 1급(한국산업인력관리공단, 1995. 08)
- 교통기사 1급(한국산업인력관리공단, 1998. 06)
- 토목분야 특급기술자(한국건설기술인협회, 2007. 09)
- 3톤 미만 굴삭기 건설기계조종사 면허증(김천시청, 2016. 05)
- 굴삭기 운전기능사(한국산업인력공단, 2016. 07)
- 굴삭기 건설기계조종사 면허증(김천시청, 2016. 07)
- 워드프로세서 3급(대한상공회의소, 1998. 05)
- 인터넷 정보검색사 2급(한국정보통신진흥협회, 1999. 11)
- 컴퓨터 활용능력 3급(대한상공회의소, 2001. 06)
- 워드프로세서 2급(대한상공회의소, 2002. 03)
- 택시운전 자격증(전국 택시운송사업조합 연합회, 2018. 04)
- 화물운송 종사 자격증(한국교통안전공단, 2018. 09)

※ 지게차 운전기능사 필기시험 합격(한국산업인력공단, 2019. 06)

06. 저자 연락처

■ E-mail: leeoejin@ex.co.kr

◈ 등록된 건설기계 중에서 가장 많은 것은? (2018년 기준)

- 총 501,646대 중에 1위는 지게차(189,592대),
  2위는 굴삭기(150,573대),
  3위는 덤프트럭(59,998대: 뜻밖의 결과다)이다.

※ 자료 출처: 대한건설기계협회(www.kcea.or.kr) 공개 자료

2. 참고서

01. 전체 구성: 6개 분야[소요 시간 120분]

분야	소요 시간	주요 내용
Ⅰ. 소 개	20분	저자, 참고서, 시험, 굴삭기, 용어정의
Ⅱ. 코스운전	30분	5개 대분류 - 18개 소분류 작업단계
Ⅲ. 굴착작업	30분	5개 대분류 - 21개 소분류 작업단계
Ⅳ. 시간안배 시간표와 가상 Point	20분	코스운전 시간안배 시간표, 가상 Point
		굴착작업 시간안배 시간표, 가상 Point
Ⅴ. 발 급	10분	자격증, 면허증 발급
Ⅵ. 별 지	10분	나만의 시간안배 시간표, 나만의 가상 Point 시험장 장비기종, 시험장에서 실격되는 경우

■ 참고서는 6개 분야이며 소요 시간은 120분이다.

- 본 참고서의 남다른 창의적인 특징은 다음과 같다.
- 첫째, 시간 흐름에 따라서 2개 과제를 총 39개의 작업단계로 분류한다.
- 둘째, 각 작업단계에 대하여 중요도와 난이도를 평가·제시한다.
- 셋째, 수험생의 이해력 향상을 위해 실사모형을 제작·활용한다.
- 넷째, 시간안배 시간표와 가상 Point를 창의(創意)하여 제시한다.
- 다섯째, 쉬어가기로 포항 바다, 건설 현장, 몽골, 캄차카 사진을 제공한다.

■ 「소개」에서는 저자, 참고서, 시험, 굴삭기, 용어에 대해서 설명한다.

■ 「코스운전」에서는 평면 및 입체 실사모형을 활용하여 5개 대분류에 따른 18개 소분류 작업단계에 대해서 기본과 원칙을 설명한다.

■ 「굴착작업」에서는 평면 및 입체 실사모형을 활용하여 5개 대분류에 따른 21개 소분류 작업단계에 대해서 기본과 원칙을 설명한다.

■ 「시간안배 시간표」에서는 코스운전과 굴착작업의 제한 시간을 효율적으로 사용하기 위한 최적의 시간표를 단계별 분석으로 제시한다.

■ 「가상 Point」에서는 코스운전과 굴착작업에 대하여 응시생 스스로 자가진단을 통해 준비 정도를 가늠해 볼 수 있는 방안을 제시한다.

■ 「발급」에서는 실기시험 합격 후에 자격증을 발급받는 방법과 자격증 발급 후에 면허증을 발급받는 방법에 대해서 설명한다.

■ 「별지」에서는 「나만의 시간안배 시간표」와 「나만의 가상 Point」 양식을 첨부하여 수험생 스스로 활용할 수 있도록 한다. 또한, 시험장에 배치된 장비기종과 시험장에서 바로 실격(불합격)될 수 있는 경우를 제시한다.

■ 본 참고서의 창의적 내용 중 하나인 실사모형의 특징이다.

- 실사모형의 축척[縮尺, 스케일(Scale)]은 1:50 또는 1:100이다.
- 시험장 제원은 굴삭기 제원을 감안해서 자의적으로 결정한다.
- 실사모형은 2차원 평면모형과 3차원 입체모형을 활용한다.
- 평면모형은 06 타이어이고, 입체모형은 1.0 궤도이다.
- 버킷, 암, 붐의 구조는 같기 때문에 굴착작업에서 실감 나는 표현을 위하여 06 타이어 대신에 크기가 큰 1.0 궤도 굴삭기를 활용한다.

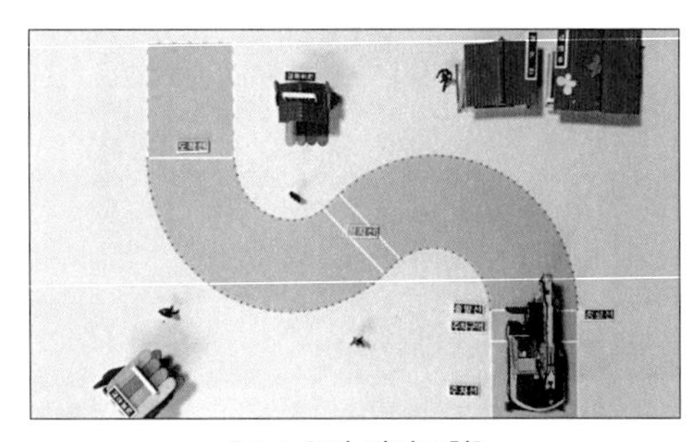

[코스운전 평면모형]

[코스운전 평면모형]

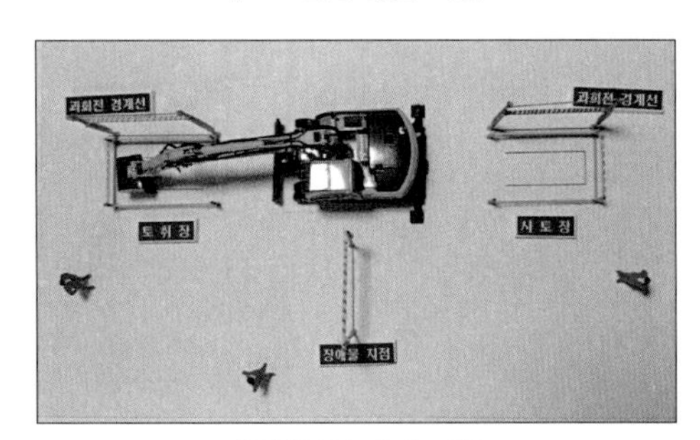

[굴착작업 평면모형]

[굴착작업 평면모형]

[굴착작업 입체모형]

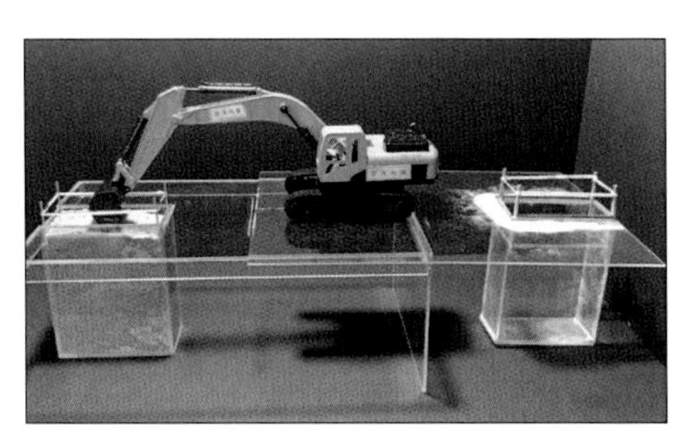

[굴착작업 입체모형]

02. 페이지 구성

■ 코스운전 18개 작업단계, 굴착작업 21개 작업단계에 대해서 작업단계별로 구분하여 기본과 원칙을 설명한다.

■ 기본과 원칙을 설명하기 위하여 9개 항목으로 페이지를 구성한다.

- 중요도, 난이도, 소요 시간 등 해당 작업단계에 대한 모든 정보를 집약적으로 설명한다.

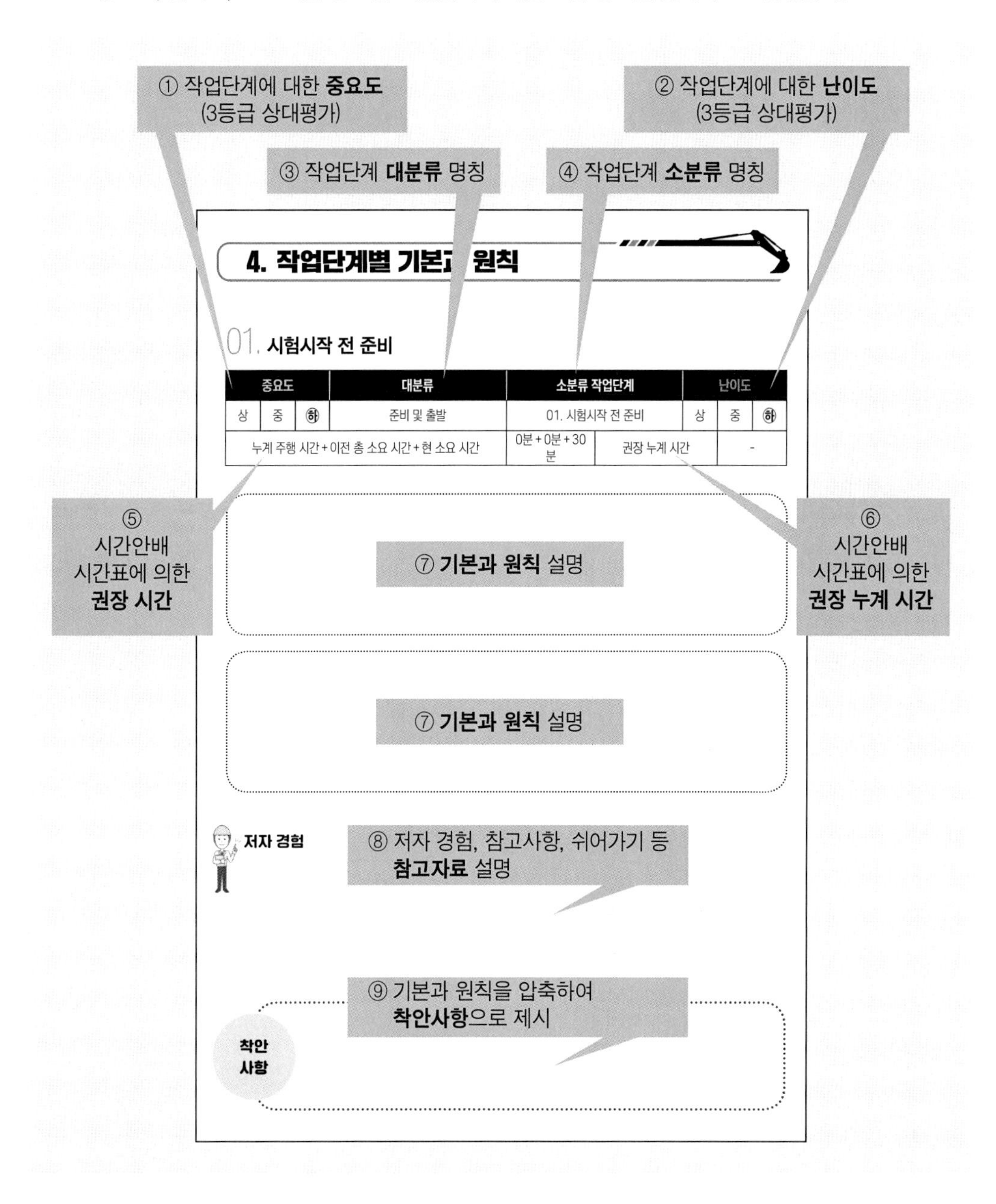

03. 참고 방법

■ 참고서의 전체 구성을 생각하면서 소설책처럼 부담 없이 읽는다.

- 작업단계를 외우려고 하지 말고 코스운전은 18개 작업단계가 있고 굴착작업은 21개 작업단계가 있다는 정도만 알고 읽는다.
- 시험이 진행되는 시간적 흐름에 따라서 각 작업단계를 이해한다. 어느 순간부터는 몸이 기억하게 될 것이다.

■ 기본과 원칙을 구체적으로 설명하는 분야에서는 페이지 구성을 이해하고 이를 적극적으로 활용해야 한다.

- 저자가 제시하는 작업단계별 중요도와 난이도를 참고한다.
- 저자가 제시하는 권장 소요 시간, 권장 누계 시간을 참고한다.
- 수험생 본인에게 맞는 중요도, 난이도, 소요 시간, 누계 시간을 찾아서 거기에 맞는 준비와 연습을 한다.

■ 참고서의 분량이 많지 않고 전체적인 흐름을 이해하는 것이 중요하기 때문에 이해되지 않는 부분이 있어도 끝까지 읽기를 권한다.

- 정독으로 한 번 읽기보다는 속독으로 여러 번 읽는 것이 이해에 도움이 된다.
- 부분적으로 이해가 곤란한 것도 큰 틀에서는 이해될 수 있다.

■ 참고서의 내용은 저자가 각종 의미 있는 자료들을 오롯이 자의적으로 해석, 분석, 정의, 분류해서 체계적으로 정리한 것이다.

- 이 책은 교과서가 아닌 참고서이다. 참고서만 보면 100% 합격할 수 있다는 꿈은 버려야 한다. 말 그대로 참고용이다.
- 참고서를 토대로 준비와 연습을 하면 합격할 확률을 높일 수 있다.

■ 참고서와 실제 시험장은 다를 수 있다(틀린 것이 아니다).

- 장비제원에 따라 시험장 규격이 결정되는데 장비제원은 제조사마다 다르고 생산연도에 따라 다를 수 있기 때문이다.
- 시험의 당락에 영향을 미치는 정도는 아니라고 판단되며 체계적인 준비와 연습으로 극복할 수 있을 것으로 생각한다.

합격 요령

◈ 모든 시험에는 합격 요령이 있다고 생각한다. 그 합격 요령은 특별한 것이 아니다.
모두가 다 알고 있지만, 제대로 실천하지 않는 '기본'과 '원칙'이 바로 합격 요령이다.

3. 시험

01. 접수[※ 자세한 사항은 반드시 큐넷(Q-Net)에서 확인]

■ 인터넷을 이용하여 실기시험 원서를 접수한다.

■ 인터넷 주소: http://www.q-net.or.kr

■ 원서 접수 기간 내에 접수해야 하며 비회원의 경우 우선 회원가입을 하고 반드시 사진을 등록한 후에 접수한다.

■ 시험일자 및 장소는 수험자 본인이 선택해야 하며, 먼저 접수하는 수험자가 시험일자 및 시험장 선택의 폭이 넓다.

- 수험자가 원하는 일자와 시험장이 조기에 마감될 수 있기 때문에 서둘러서 최대한 빠르게 접수한다.

■ 실기 수수료는 27,800원(2019년 6월 기준)이며 원서 접수 기간 내에는 전액 환불 가능하다.

- 접수 마감 다음날부터 시험시작일 5일 전까지는 50% 환불이다.
- 시험시작일 4일 전부터는 환불 및 취소가 불가능하다.

■ 접수 당일부터 시험시행일까지 수험표 출력이 가능하다.

- 출력 장애 등을 대비하여 사전에 출력하여 보관한다.

■ 예비군 훈련, 군 입영과 본인, 배우자 직계존비속, 형제자매의 관혼상제(결혼, 사망), 본인이 출산하는 경우 등에 한해서 실기시험 일자를 변경해 주고 있으며 해당 종목을 시행하는 공단 지역본부나 지사에 방문해야 한다.

- 자세한 사항은 큐넷(Q-Net) 홈페이지를 참조한다.

■ 필기시험 면제기간(유효기간)은 필기시험 합격자 발표일로부터 2년이다.

접수 요령

◈ 조기에 접수하면 원하는 시간과 장소를 선택할 수 있다.

◈ 실기시험에 자신이 없거나 빠른 합격을 원한다면 오전에 시험 모니터링을 하고 오후시험에 응시하기를 권한다.

◈ 응시생이 아니고 감독위원 관점에서 시험이 진행되는 시간 흐름에 따라서 작업단계별로 모니터링을 한다.

- 미흡한 점, 우수한 점 등을 파악하고 벤치마킹한다.

02. 배점

- 출제유형은 작업형이며 코스운전과 굴착작업의 총 2개 작업이다.
- 코스운전과 굴착작업 2개의 작업을 합산하여 100점 만점이다.
  - 코스운전은 배점이 25점이며 제한 시간은 2분이다.
  - 굴착작업은 배점이 75점이며 제한 시간은 4분이다.
- 2개 과정의 합산점수가 60점 이상인 경우 합격이다.
  - 2개 과정 모두 응시해야 한다.
  - 1개 과정만 응시하여 60점 이상이면 불합격이다.
- 일반적으로 코스운전 시험 합격자에 한하여 굴착작업 시험을 진행한다.
  - 시험 당일 장비 고장 등의 여러 가지 여건에 따라서 변경될 수 있다.
  - 저자의 경험으로는 시험장에 장비가 2대였기 때문에 코스운전 시험 응시 후에 대기 없이 바로 굴착작업 시험에 응시하였다.

03. 위원

- 실기시험 시험장에는 감독위원, 관리위원, 진행요원이 있다.
  - 각자의 역할과 책임이 다르기 때문에 어느 정도는 구별할 수 있어야 필요시 적절한 도움을 받을 수 있다.
- 감독위원은 공단에서 위촉한 사람으로서 채점을 담당하고 있으며, 「국가기술자격법 시행규칙」에 따르면 시험실당 2명 이상이다.
  - 굴삭기의 경우 일반적으로 2명의 감독위원이 채점을 한다.
- 관리위원은 「국가기술자격법 시행규칙」에 따르면 종목당 1명 이상이며, 시험장별로 3명 이상이다.
  - 굴삭기의 경우 일반적으로 1명의 관리위원이 있다.
- 관리위원은 감독위원과 달리 채점을 하지 않고 감독위원이 채점한 것을 집계하고 실기시험 전반에 대하여 관리하는 역할을 한다.
- 진행요원은 감독위원과 관리위원의 관리·감독 하에 장비설명, 코스운전 시범, 굴착작업 시범, 장비와 관련된 질의응답을 한다.
  - 실기시험은 일반적으로 사설 중장비 학원에서 진행되기 때문에 진행요원은 학원에 소속된 직원인 경우가 많다.

04. 통계[자료 출처: 큐넷(Q-Net) 홈페이지]

■ 굴삭기 운전기능사 필기

(단위: 명)

구분	계	~2013년까지	2014년	2015년	2016년	2017년	2018년
응시	1,051,678	867,823	34,145	30,177	33,547	41,692	44,294
합격	508,851	411,432	16,241	14,922	16,369	23,887	26,000
합격률	48.4%	47.4%	47.6%	49.4%	48.8%	57.3%	58.7%

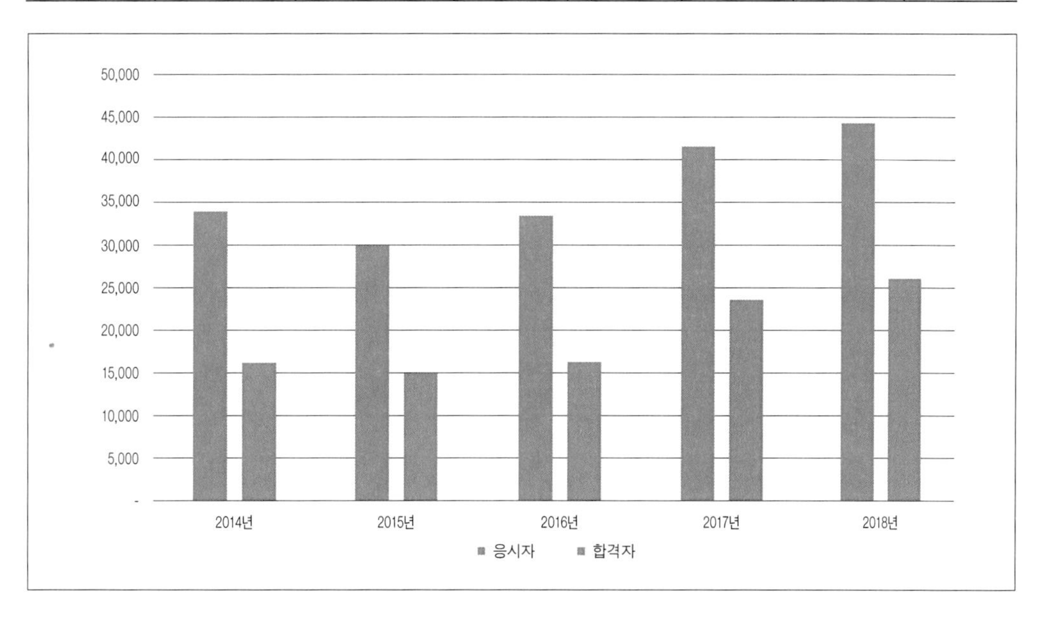

- 응시생은 증가 추세이며, 2018년 기준 월평균 약 3,700명이 응시했다.
- 합격률도 증가 추세이며, 2018년 기준 거의 60%에 근접한다.

■ 굴삭기 운전기능사 실기

(단위: 명)

구분	계	~2013년까지	2014년	2015년	2016년	2017년	2018년
응시	765,359	580,577	32,076	33,466	36,221	42,216	40,803
합격	351,649	274,478	14,322	14,345	15,044	17,036	16,424
합격률	45.9%	47.3%	44.7%	42.9%	41.5%	40.4%	40.3%

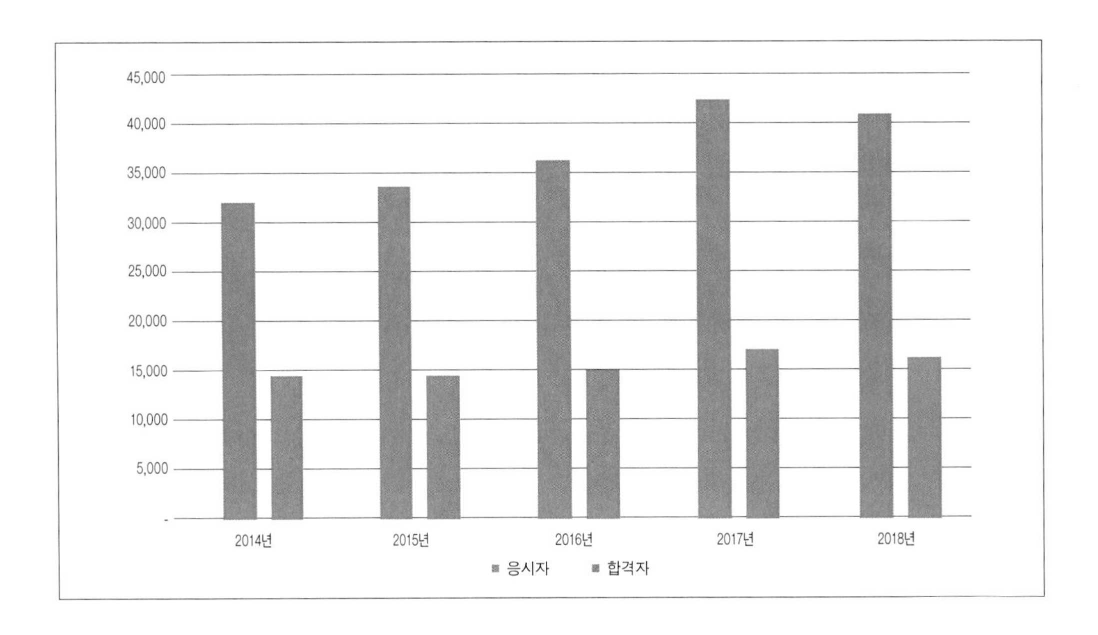

- 실기시험은 필기시험 합격자에 한하여 응시가 가능하고 작업형 시험이기 때문에 필기시험보다 응시생이 적은 것으로 추정된다.
- 2018년 기준으로 월평균 약 3,400명이 응시하고 1,300명이 합격했다.
- 전체 합격률이 45.9%인 점을 감안하면 합격률은 감소 추세이다.
- 응시생이 많으면 합격률이 낮은 경향이 보이고 있으며, 최근 5년간 자료를 보면 응시생이 제일 낮은 2014년이 합격률은 제일 높다.
- 응시생이 많을 때 합격률이 낮은 원인은 연습과 준비가 부족한 상태에서 경험삼아 응시를 하거나 합격률이 감소 추세인 점을 고려한다면 공단에서 보다 엄격하게 채점한다고 추정할 수 있다.

합격 요령

◈ 실기시험 합격 확률을 높이는 요령은 준비와 연습이다. 그렇다고 무작정 많은 시간과 돈을 투자할 수는 없다. 최대한 빨리 끝을 봐야 한다.

◈ 짧은 시간 안에 합격을 원한다면 "적을 알고 나를 알면 백 번 싸워 백 번 이긴다."라는 격언처럼 실기시험을 정확히 알고 그에 맞는 준비와 연습을 해야 한다.

4. 굴삭기

01. 개요

- 굴삭기는 지게차와 더불어서 가장 흔하게 볼 수 있는 중장비이다. 굴삭기(掘削機)는 한자 뜻을 그대로 해석하면 파고 깎는 기계이다.
- 포클레인(Poclain)은 굴삭기 제조사의 상호이고 백호, 백호우(Backhoe), 엑스커베이터(Excavator)가 적절한 표현이다.
- 굴삭기는 토목공사와 농업에 주로 활용되고 있으며 흙을 파고, 깎고, 싣고, 운반하는 등 다양한 작업을 할 수 있다. 탈부착식 버킷을 대신하여 브레이커, 집게 등을 부착하여 다양한 작업을 할 수 있다.
- 현장에서 흔히 볼 수 있는 굴삭기 제조사는 다음과 같고 인터넷 검색을 하면 더 많은 제조사를 알아볼 수 있다. 제조사별로 내부구조와 외부구조가 다를 수 있기 때문에 관심이 있다면 해당 제조사 홈페이지에 접속하여 공개된 제품 소개를 참조하면 된다.
  - 두산인프라코어(주): www.doosaninfracore.com
  - 현대건설기계(주): www.hyundai-ce.com
  - 볼보건설기계코리아: www.volvoce.com/south-korea/ko-kr

02. 용량

- 일반적으로 굴삭기 용량(규격)은 총중량이나 버킷 용량을 표시한다. 둘 중에서 버킷 용량을 표시하는 것이 더 일반적이다.
- 시험장에 준비된 굴삭기는 타이어(휠) 06 굴삭기이다.
  - 하부 주행방식은 자동차처럼 타이어 방식이다.
  - 06은 버킷의 용량인 0.6㎥(입방미터)를 의미한다.
  - ㎥(입방미터)는 부피를 의미하고 '가로×세로×높이'이다.
  - 1입방미터는 1m×1m×1m인 정육면체의 체적(부피)이다.
  - 입방미터 또는 줄여서 입방이라는 표현이 바람직하고 흔히 사용하는 루베는 일본식 표현이다.
  - 공투(02)는 0.2입방, 공육(06)은 0.6입방, 공팔(08)은 0.8입방이다. 공텐(10)은 1.0입방을 의미한다.

03. 구조

- 실기시험과 관련해서 단순하게 상부구조와 하부구조로 나눌 수 있다.
- 구조별 역할 및 특징

구분	명칭	역할 및 특징
상부구조	**본체**	- 운전석, 엔진, 카운터 웨이트(평형추) 등이 있다. - 본체 내부에 굴삭기 조종장치가 있다.
	버킷	- 흙을 파거나 담는 오목한 장치 - 버킷 끝에는 흙을 찍어서 파는 가락이 있다. - 버킷을 안쪽으로 오므리거나 바깥쪽으로 펼칠 수 있다.
	암	- 버킷과 붐 사이에 연결된 일자형 장치 - 일자형 장치를 안쪽으로 오므리거나 바깥쪽으로 펼칠 수 있다.
	붐	- 암과 본체에 연결된 일자형 장치 - 일자형 장치를 안쪽으로 오므리거나 바깥쪽으로 펼칠 수 있다.
하부구조	**앞바퀴**	- 일반적으로 굴삭기의 진행방향을 조종하는 바퀴 - 핸들을 좌우로 돌리면서 진행방향을 조종한다.
	뒷바퀴	- 핸들 조작에 의해 돌아가지 않는 바퀴 - 앞바퀴가 주행한 궤적을 따라 주행하지만, 주행 궤적이 일치하지는 않는다.
	축간거리(E)	- 굴삭기를 측면에서 봤을 때 앞바퀴와 뒷바퀴 타이어 중심 간의 거리
	차폭(d)	- 굴삭기를 앞이나 뒤에서 봤을 때 타이어 끝에서 끝까지의 거리

- 버킷, 암, 붐의 다양한 조합으로 다양한 작업형태가 가능하다.

■ 버킷, 암, 붐은 사람의 손, 손목, 팔꿈치, 어깨와 비슷한 구조이다.

■ 인체구조와 버킷, 암, 붐의 비교

인체구조

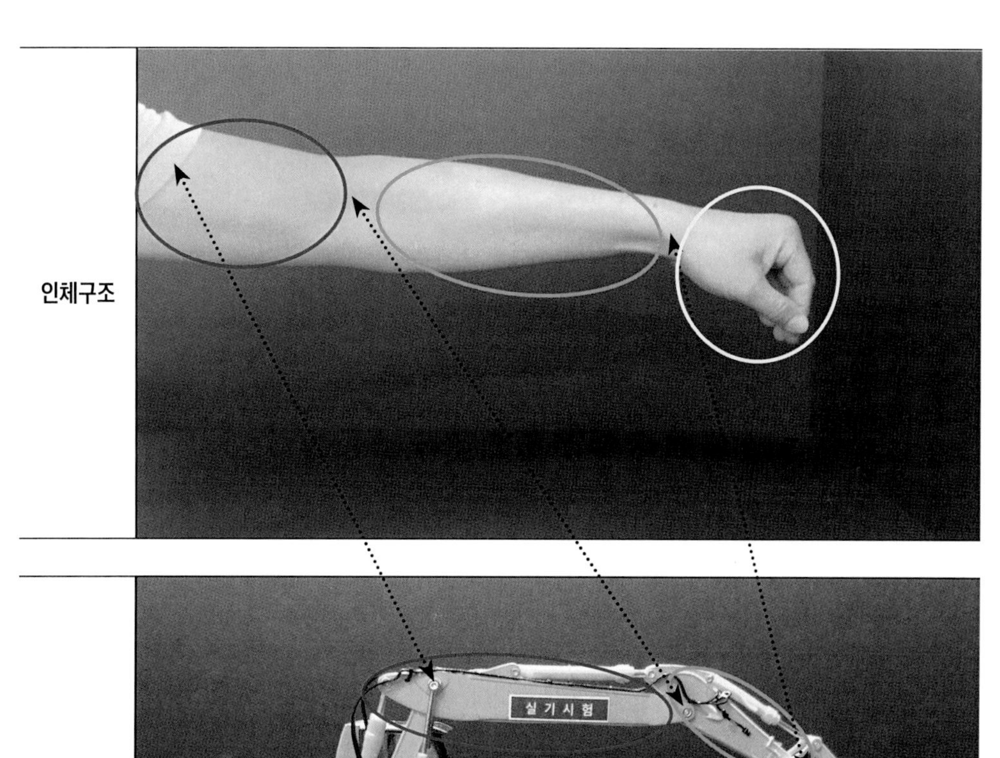

굴삭기

- 손목은 버킷 연결핀, 팔꿈치는 암 연결부, 어깨는 붐 연결부와 대응된다.
- 버킷가락은 손가락에 해당하고 손바닥을 오목하게 하면 버킷과 같이 흙을 담을 수 있다.
- 손목으로 오목한 손바닥을 오므리고 펼치듯이, 버킷도 오므리고 펼칠 수 있다.
- 손목과 팔꿈치 사이를 오므리고 펼치듯이, 버킷에 연결된 암으로 오므리고 펼칠 수 있다.
- 팔꿈치와 어깨를 오므리고 펼치듯이, 암과 연결된 붐으로 오므리고 펼칠 수 있다.

04. 제원(06 타이어 굴삭기)

구분	정의 또는 종류	제원
차폭(d)	정면(후면)에서 타이어 끝에서 끝까지의 거리	2.5m
축간거리(E)	측면에서 타이어 중심 간의 거리	2.8m
회전높이 (H, 장대높이)	붐을 최대한 세우고 암은 최대한 오므린 상태에서 버킷 연결핀과 지면과의 수직거리	3.8m
버킷	가로 폭 및 세로 길이 높이(버킷가락 제외) 무게(흙 적재 없이)	각 1.0m 0.7m 450kg
선회속도	굴삭기 본체가 회전하는 속도	11.5rpm
주행속도	차로 주행하는 속도	37km/h
붐 길이	4.3m, 4.6m, 4.9m	
암 길이	1.9m, 2.1m, 2.5m, 3.0m	
최대굴삭반경	버킷, 암, 붐을 최대한 펼친 작업반경	7.5~8.9m

- 굴삭기 제원은 제조사마다 다르고, 같은 제조사도 조합하는 방식에 따라서 다르다. 생산연도에 따라서도 다를 수 있다.
  - 장비가 지속해서 개발되고 발전하기 때문이다.
  - 예를 들어 ○○에서 생산하는 타이어 06 굴삭기인 경우에도 버킷 용량(0.58㎥)은 같은데 붐 길이 4.3m, 4.6m, 4.9m에서 선택하고, 암 길이는 1.9m, 2.1m, 2.5m, 3.0m에서 선택할 수 있다.
- 다양한 제원을 표준화하기는 곤란하기 때문에 관련 자료를 참고하여 저자가 자의적으로 평균적인 수치를 제원으로 제시한다.
  - 굴삭기 제조사 홈페이지에서 제공하는 카탈로그(Catalog) 참조.
  - 제조사 본사, 고객센터에 전화로 문의.
- 실기시험 당락에 결정적인 영향을 미칠 만큼 굴삭기 제원에 차이가 난다고 보기에는 어려운 점이 있다.
  - 체계적인 준비와 연습을 하면 임기응변(臨機應變)으로 충분히 대처할 수 있을 것으로 기대한다.

05. 전경

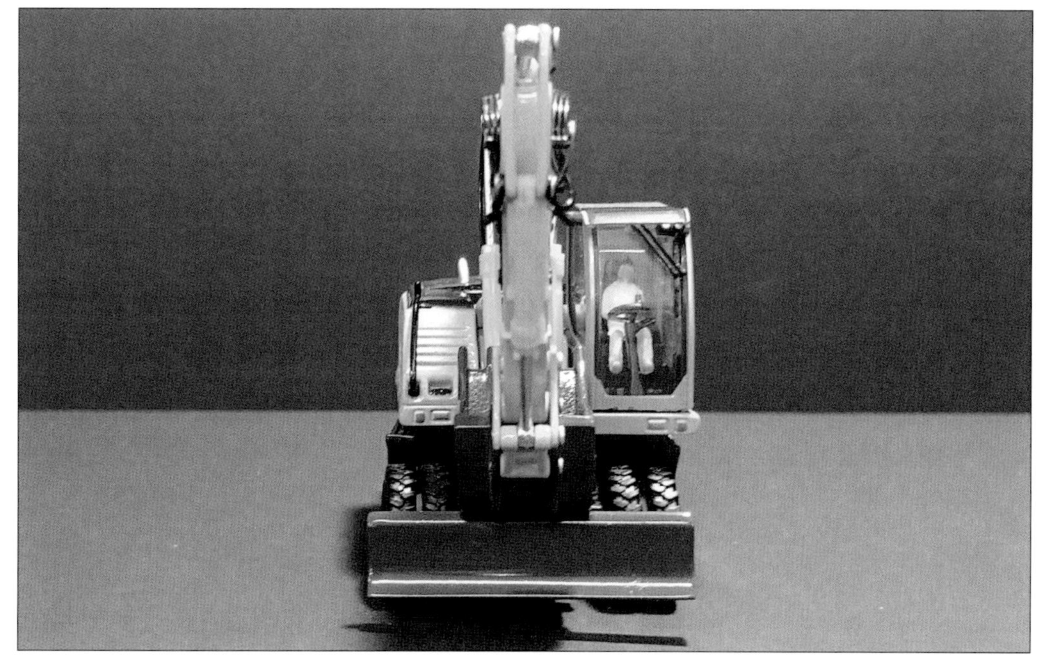

[정면]

[45°]

[좌측]

[우측]

[뒷면]

[축간거리]

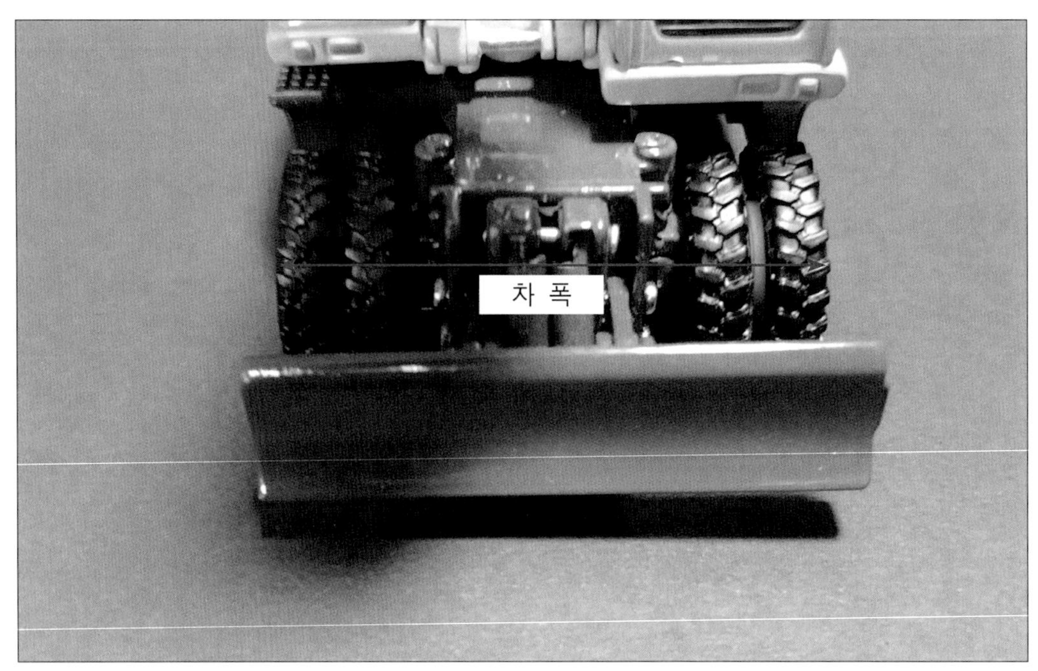

[차폭]

[본체]

[버킷]

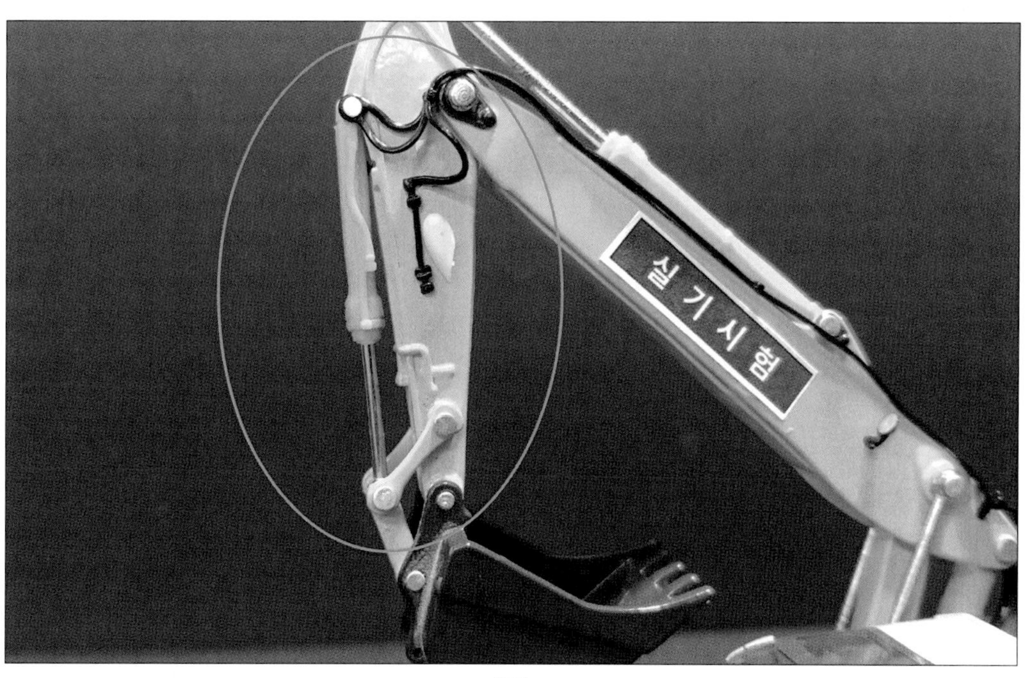

[암]

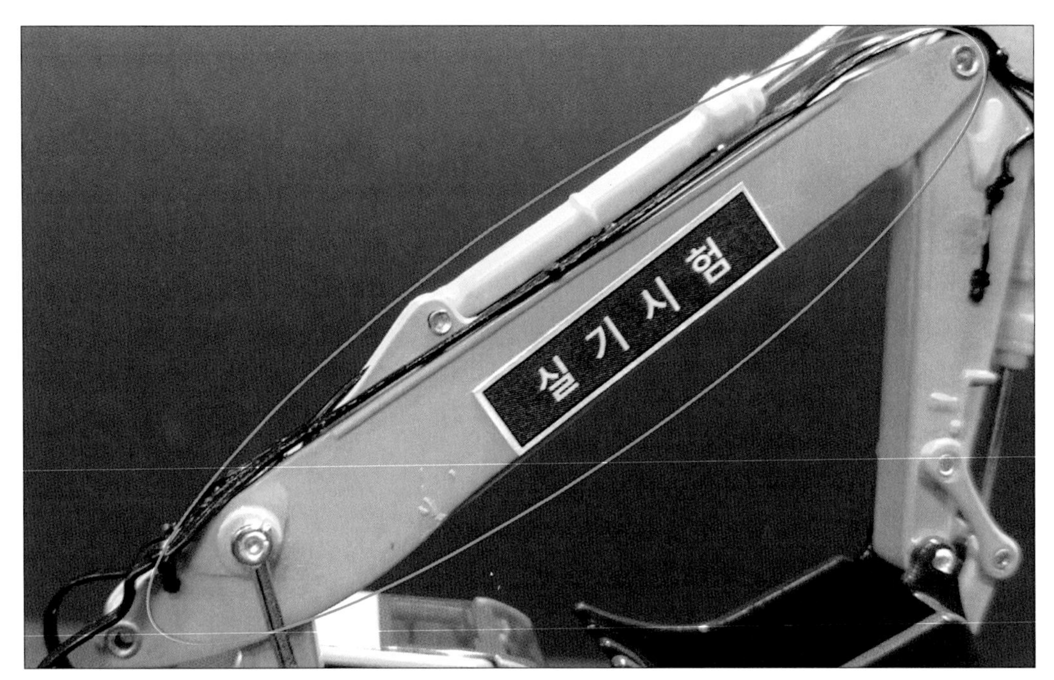

[붐]

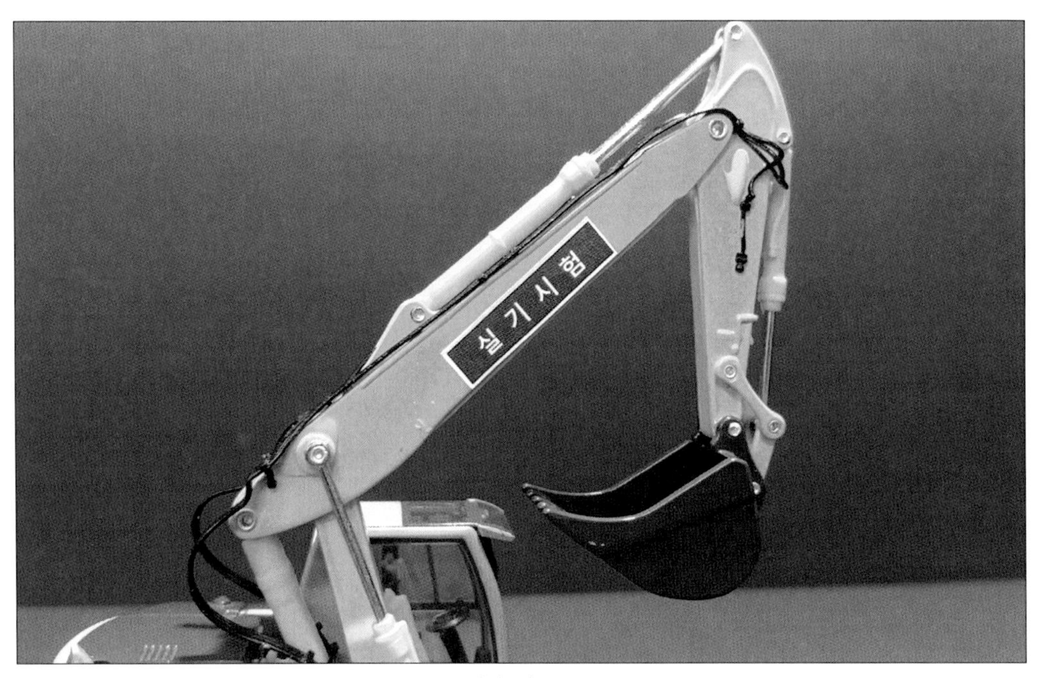

[버킷, 암, 붐]

[D사 운전대]

[H사 운전대]

[기어변속기]

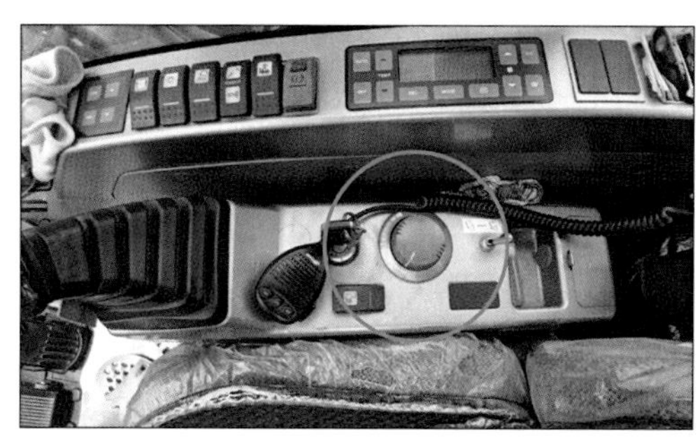

[엔진출력 RPM]

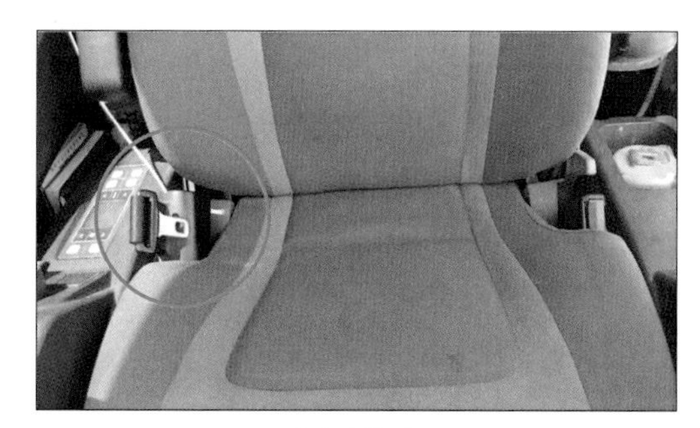

[안전벨트]

[조정박스, 안전레버]

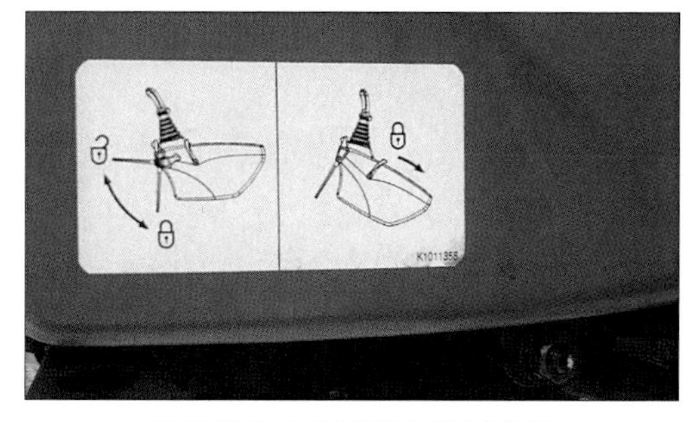

[조정박스, 안전레버 잠금과 풀림]

[운전석 조정기]

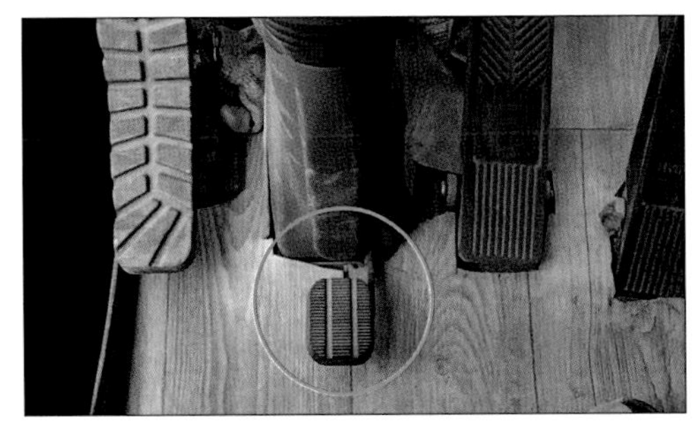

[운전대 조정페달]

[브레이크, 가속페달]

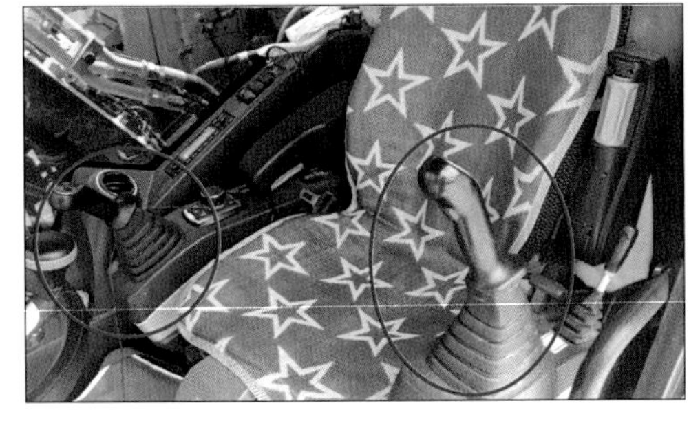

[좌·우 조정기]

[좌측 조정기, 조정박스, 안전레버]

◈ 합격 후에 실기시험의 스트레스를 포항 바다에 확 던져 버리자!

참고 사항

◈ 굴삭기 제조사마다 각기 다른 특징이 있다. 장비조종을 위한 스위치, 레버 등의 작동 방식이나 설치된 위치가 다를 수 있다.
◈ 이런 특징에 의한 실수를 예방하기 위해서는 실기시험 접수 전에 시험장에 문의해서 준비된 장비에 관해서 문의한 후에 접수하는 것도 좋은 방법이다.
◈ [별지 5] 전국 중장비 시험장 장비기종 현황을 참조한다.

저자 경험

◈ 평소 △△ 굴삭기로 연습을 했는데 첫 시험에서는 ▲▲ 굴삭기로 시험을 쳤다. 코스운전 도착선 통과 후에 후진을 위해 기어를 넣는데 기어가 체결되지 않아서 애를 먹었다.
- 운전대 아랫부분의 기어박스가 같이 돌아가서 헛돌았기 때문이었다.

⚠ 유의사항

◈ 본 참고서에서는 버킷, 암, 붐의 조작을 위한 기능적인 방법에 대해서는 설명하지 않는다.
- 기능은 머리로 익히는 것이 아니고 몸으로 익히는 것이다.
- 버킷, 암, 붐의 조작을 조합하면 작업형태가 너무 다양하기 때문에 수험생 본인에게 맞는 방법을 찾는 것이 바람직하다.
- 예를 들어, 버킷에 흙을 많이 담기 위해서는 수험생의 성향에 따라서 버킷, 암, 붐의 조종방식이 달라도 흙 많이 담기 목표는 달성할 수 있다.

◈ 굴삭기 제원이 다양하기 때문에 평소에 연습하던 제원과 다른 굴삭기로 시험에 응시할 수도 있어서 상황변화에 따른 대처 능력이 필요하다.
- 암, 붐의 길이가 달라지면 토취장에서 흙을 파기 위해 장비를 펼칠 때 평소보다 길게 펼칠 수도, 혹은 짧게 펼칠 수도 있다.
- 같은 원리로 사토장에서도 장비를 펼칠 때 평소보다 길게 펼칠 수도, 혹은 짧게 펼칠 수도 있다.

5. 용어정의

01. 공통사항

■ 굴삭기[영어로는 Backhoe(백호, 백호우), Excavator(엑스커베이터)]

: 흙이나 암석을 파거나 파낸 것을 다시 처리하는 기계이다. 보통 부르는 포클레인(Poclain)은 외국의 굴삭기 제조회사의 상호이다.

■ 실기시험

: 작업형 시험이며 굴삭기를 조종하여 제한 시간 내에 코스운전과 굴착작업을 하고 이에 대한 평가를 받는 시험이다.

■ 코스운전: 제한 시간 이내에 S 코스를 전진 및 후진하는 시험이다.

■ 굴착작업: 제한 시간 이내에 '파기 - 회전 - 쏟기 - 마무리'를 하는 시험이다.

■ 한국산업인력공단

: 평생능력개발, 국가자격시험 등 기업과 근로자의 인적자원개발 지원사업을 종합적으로 수행하는 준정부기관이다.

■ 큐넷(www.q-net.or.kr)

: 한국산업인력공단에서 운영하는 국가기술자격 전문 포털사이트로서 시험일정, 원서접수 등 시험과 관련된 모든 사항을 수행한다.

■ 감독위원: 실기시험 채점을 위하여 공단에서 위촉한 위원이다.

■ 관리위원: 실기시험 운영을 위한 공단 직원 또는 위촉 위원이다.

■ 진행요원

: 시험장에 배치된 굴삭기 조종 전문가로서 장비소개, 시험시범 등의 업무를 하면서 시험운영을 보조한다.

■ 제한 시간

: 실기시험의 시작과 끝을 제한하는 시간이다. 코스운전은 2분, 굴착작업은 4분이다. 감독위원과 관리위원이 초시계로 측정한다.

■ 시간초과: 규정된 제한 시간 이내에 시험을 완료하지 못한 상태를 말한다.

■ 실격

: 시간초과 등으로 시험 중에 시험장에서 바로 불합격 처리되는 것을 말한다.

■ 착용복장

: 한국산업인력공단에서 시험에 응시하기 위해 규정한 복장이며 착용복장의 상태는 채점 사항에 포함된다.

■ 조작미숙: 굴삭기 조종이 서툴러서 제기능을 발휘하지 못하는 상태.

■ 안전사고 우려: 조작미숙 등으로 안전사고 가능성이 있는 상황.

■ 의사표시: 응시생이 시험을 시작하겠다고 알리는 표시.

■ 작업단계

: 시험이 진행되는 시간 흐름에 따라 응시생이 단계별로 하는 작업.

■ 시간안배 시간표

: 제한 시간 이내에 시험을 완료하기 위하여 작업단계별로 제한 시간을 적절히 분배하여 만든 시간표. 이때의 시간은 목표 시간이다.

■ 가상 Point

: 연습상태를 평가하는 것이고 Point 점수로 표기한다. 모든 작업단계 대해서 5등급으로 평가하며 평균 Point로 연습상태를 가늠해 볼 수 있다.

■ 굴삭기 운전기능사 자격증

: 필기와 실기시험에 합격하면 한국산업인력공단에서 발급하는 자격증이다. 상장형과 수첩형이 있고 상장형 발급이 원칙이다.

■ 굴삭기 건설기계조종사 면허증

: 자격증 발급 후에 시청, 군청, 구청에 신청하여 받는 면허증이다.

쉬어가기 ◈ 자격증과 면허증으로 취업하면 근무할 수도 있는 고속도로 건설 현장

02. 코스운전

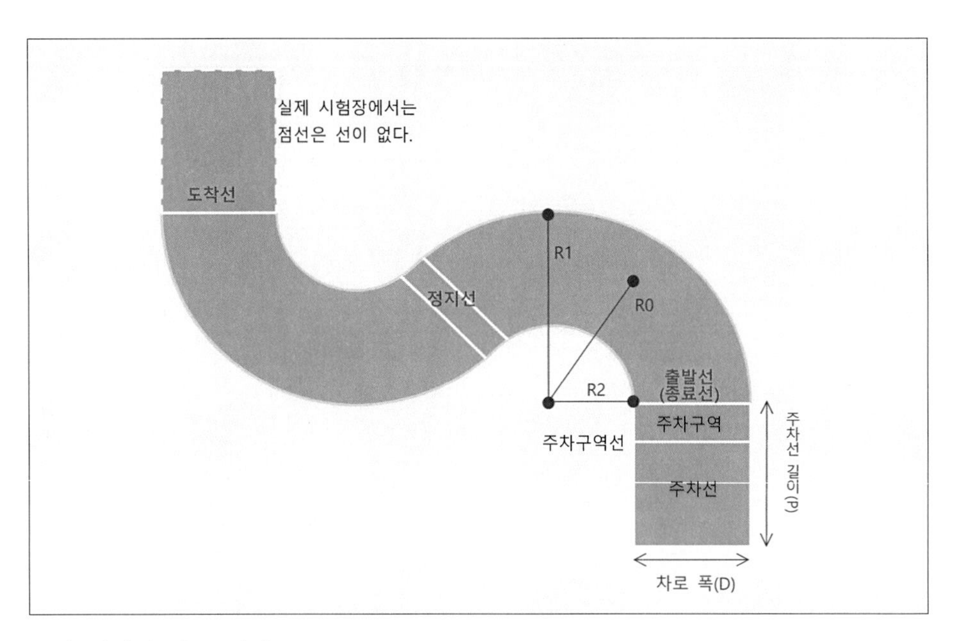

■ 코스운전 시험장 기호 정의

- **E**: 축간거리 = 굴삭기 측면에서 타이어 중심에서 중심까지 거리
- **d**: 차폭 = 굴삭기 정(후)면에서 타이어 끝에서 끝까지의 거리
- **D**: 차로 폭 = 1.8 × 차폭(d)
- **R1**: 차로 외측 회전반경 = 2.7 × 축간거리(앞뒤 차폭이 같은 경우)
- **R2**: 차로 내측 회전반경 = R1 - 1.8d
- **R0**: 차로 중심 회전반경 = R2 + 0.5D
- **L1**: 전진주행 길이 = 차로 중심 길이의 6/8
- **L2**: 후진주행 길이 = 차로 중심 길이의 6/8
- **L**: 전진주행 + 후진주행 = 총 주행길이
- **P**: 주차선 길이 = 2 × 축간거리(E)

■ 차폭(d): 굴삭기 정(후)면에서 좌우 타이어 끝에서 끝까지의 거리

■ 차로(車路): 굴삭기가 다니는 차선과 차선 사이의 길

■ 차로 폭(D): 1.8 × 차폭(d)의 거리

■ 앞바퀴: 좌우방향을 조종할 수 있는 바퀴(조향바퀴)

■ 뒷바퀴: 좌우방향을 조종할 수 없는 바퀴

■ S 코스 = 배향곡선(背向曲線)

: S자 모양으로 좌로 굽고 우로 굽은 2개의 차로가 연결된 도로이며 동일한 접속점에서 방향이 반대인 2개의 곡선 차로(도로)

■ 좌로 굽은 차로

: 핸들을 반시계방향으로 감으면서 왼쪽으로 주행하는 곡선 차로

■ 우로 굽은 차로

: 핸들을 시계방향으로 감으면서 오른쪽으로 주행하는 곡선 차로

■ 전진주행: 앞으로 주행하며, 좌로 굽은 차로→우로 굽은 차로 주행

■ 후진주행: 뒤로 주행하며, 우로 굽은 차로→좌로 굽은 차로 주행

■ 정차: 5분을 초과하지 않는 정지, 주차 이외의 정지 상태

■ 주차: 계속하여 정지 상태이거나 즉시 운전할 수 없는 정지 상태

■ 출발선: 시험시작의 기준이 되는 선

■ 정지선

: S 코스 중간에 있으며 간격 110㎝인 2개의 선이다. 전진주행 시에 좌측 앞바퀴가 정차해야 하는 구역의 선

■ 도착선: 도착의 기준선, 전진주행 후 후진주행의 기준이 되는 선

■ 종료선: 출발선과 같은 선이며 시험종료의 기준이 되는 선

■ 주차구역선

: 종료선과 150㎝ 간격으로 평행한 선이며 앞바퀴 주차를 제한하는 선

■ 주차구역

: 종료선과 주차구역선 사이의 150㎝ 구역, 앞바퀴를 주차하는 구역

■ 주차선

: 종료선(출발선)을 한 변으로 하는 직사각형이며, 앞바퀴와 뒷바퀴를 주차할 수 있는 구역을 표시하는 선으로서 주차구역선을 포함한다.

■ 차선접촉(車線接觸) 또는 라인터치(Line Touch)

: 도색된 차선에 타이어, 버킷 등이 서로 맞닿은 상태. 출발선, 종료선, 정지선, 도착선, 주차구역선, 주차선은 제외된다.

03. 굴착작업

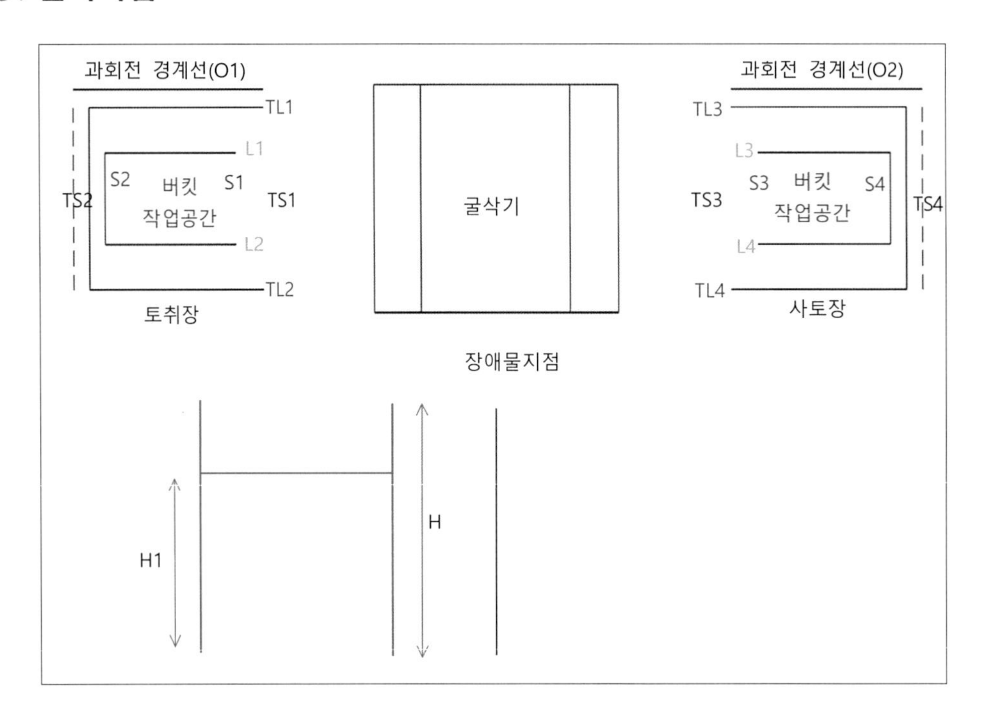

■ 굴착작업 시험장 기호 정의

- **S1**: 운전석에서 가까운 토취장 버킷 작업구역 짧은 변
- **S2**: 운전석에서 먼 토취장 버킷 작업구역 짧은 변
- **S3**: 운전석에서 가까운 사토장 버킷 작업구역 짧은 변
- **S4**: 운전석에서 먼 사토장 버킷 작업구역 짧은 변
- L1, L2: 토취장 버킷 작업구역 긴 변
- L3, L4: 사토장 버킷 작업구역 긴 변
- **TS1**: 운전석에서 가까운 토취장 짧은 변, 가상 작업 제한선
- **TS2**: 운전석에서 먼 토취장 긴 변, 제한선
- **TS3**: 운전석에서 가까운 사토장 짧은 변, 가상 작업 제한선
- **TS4**: 운전석에서 먼 사토장 긴 변, 제한선
- **TL1, TL2**: 토취장 긴 변, 작업 제한선
- **TL3, TL4**: 사토장 긴 변, 작업 제한선
- **O1**: 토취장 과회전 경계선
- **O2**: 사토장 과회전 경계선

- H: 장애물 지점의 장대높이 = 버킷 회전구역 장애물 상한선
- H1: 장애물 지점 장대높이-1.0m = 버킷 회전구역 장애물 하한선

■ 버킷(Bucket): 오목한 바가지 모양으로 흙을 파고 담는 용기

■ 버킷가락

: 버킷 끝부분에 손가락 모양으로 흙을 파는 부재. '버킷이빨', '버킷투스(Tooth)'라고도 부르나 '버킷가락'으로 쓰기를 권한다.

■ 암(Arm)

: 영어 의미는 팔이다. 버킷과 붐(Boom) 사이에 설치되어 펼치거나 오므리는 기능을 한다.

■ 붐(Boom)

: 영어 의미는 중장비에서 중량물을 끌어 올리는 장치이다. 암과 굴삭기 본체 사이에 설치되어 펼치거나 오므리는 기능을 한다.

■ 토취장: 버킷으로 흙을 파는 곳. 직사각형 및 직육면체 모양

■ 토취 제한선

: 토취장에서 작업을 제한하는 선. 직사각형 모양으로 네 변에 제한선이 있으며 운전석과 가까운 제한선(TS1)은 가상의 제한선이다.

■ 사토장: 버킷으로 흙을 쏟는 곳. 직사각형 및 직육면체 모양

■ 사토 제한선

: 사토장에서 작업을 제한하는 선. 직사각형 모양으로 네 변에 제한선이 있으며 운전석과 가까운 제한선(TS3)은 가상의 제한선이다.

■ 버킷 작업공간

: 토취장(사토장)에서 작업이 가능한 공간 중에서 버킷이 효율적으로 작업이 가능한 공간이다. 버킷 크기에 일정한 여유를 고려한 공간이다.

■ 장애물 지점

: 토취장과 사토장 중간에 굴삭기와 직각방향으로 설치되어 있다. 장애물 지점에는 버킷 회전구역이 설정되어 있고 버킷 회전구역에는 장애물 상한선과 장애물 하한선이 설정되어 있다.

■ 장애물 지점 장대 및 장대높이

: 장애물 지점은 두 개의 장대와 한 개의 끈으로 설치된다. 장대의 높이는 붐을 최대한 세우고 암을 최대한 오므린 상태에서 지면에서 버킷 연결핀까지의 거리이다. 장대높이가 장애물 상한선이고 상한선에서 밑으로 1.0m가 하한선이다.

■ 버킷 회전구역

: 장애물 지점에서 버킷이 회전해서 통과해야 하는 구역이며, 통과를 제한하는 장애물 상한선과 장애물 하한선이 설정되어 있다.

■ 장애물 상한선

: 버킷이 회전구역을 통과할 때 제한하는 최고의 높이이다. 상한선은 눈에 보이지 않는 가상의 선이다. 버킷이 회전해야 하기 때문이다.

■ 장애물 하한선

: 버킷이 회전구역을 통과할 때 제한하는 최저의 높이이다. 상한선과 달리 끈 등으로 연결되어 있다.

■ 과회전 경계선

: 토취장과 사토장 측면에 있는 제한선이며 굴삭기가 회전할 때 토취장(사토장)을 벗어나지 않게 제한하는 선이다.

■ RPM(Revolution Per Minute, 엔진 회전수)

: 엔진이 1분 동안 돌아가는 회전수이며, 회전수로 굴착작업을 할 때 힘의 크기를 조절한다.

■ 엔진출력

: 엔진은 동력을 이용해서 기계적 힘으로 변환하는 기계장치이며 출력은 변환된 기계적 힘의 크기이다.

참고 사항

◈ 통용되고 있는 용어는 간략히 설명하고 자세한 내용은 본문에서 설명한다.
◈ 혼용되거나 뜻 전달이 명확하지 않은 경우에는 새롭게 정의(定義)한다.
◈ 도면과 관련해서는 기호와 용어를 새롭게 명명(命名)한다.

쉬어가기 ◈ 2019년 기계경비 산출 시

굴삭기(06 타이어) 가격은? (101,167천 원)
시간당 손료는? (23,055원/h)
시간당 주연료는? (11.6ℓ/hr)

코스운전 기본과 원칙
(5개 대분류 - 18개 작업단계)

몽골 여행 중에, 한국도로공사 포항-영덕 건설사업단 김한익

1. 시험장 제원(諸元)

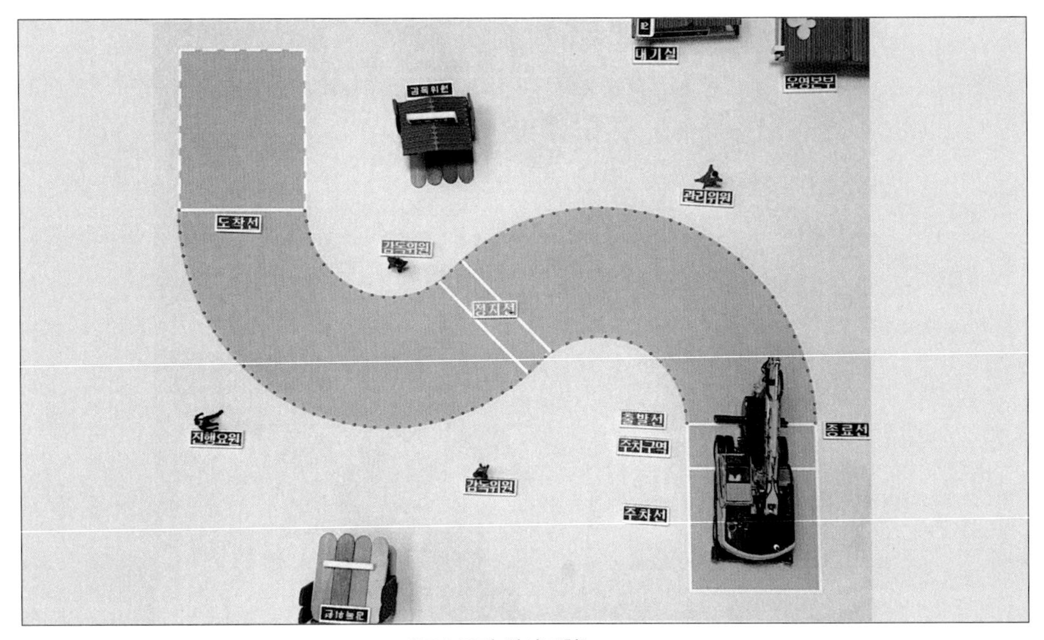

[코스운전 실사모형]

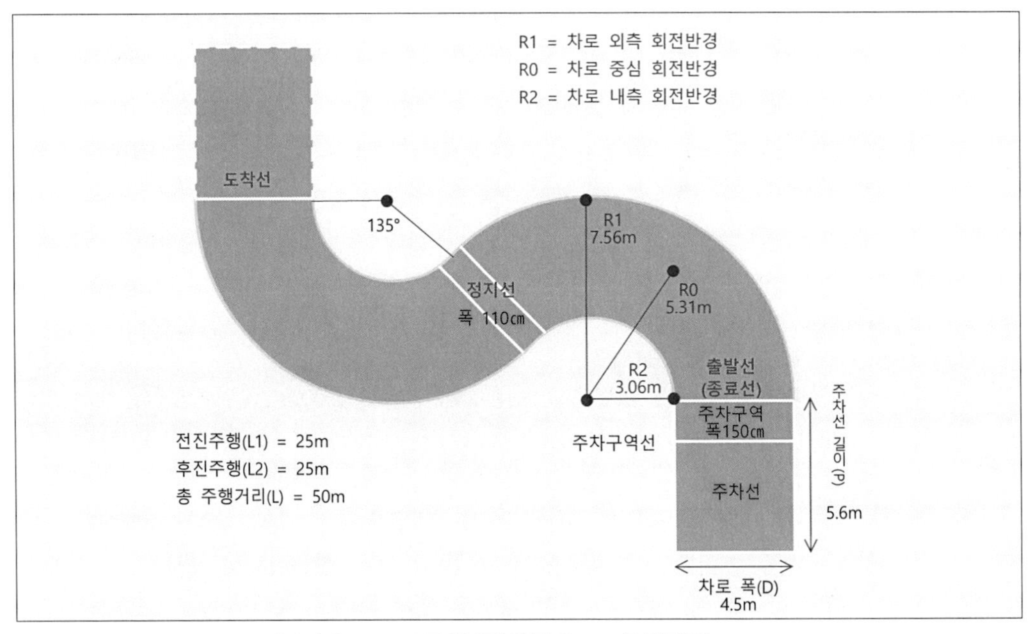

[자의적(恣意的)으로 분석하여 작도(作圖)한 평면도]

■ 실사모형 및 자의적 평면도 유의사항

- 자의적 평면도를 기준으로 축적 1:50으로 실사모형을 제작했다.
- 자의적 평면도의 제원은 굴삭기 제조사 제원표, 인터넷 자료 등을 종합하여 최대한 평균적인 수치를 적용한다.
- 적용할 제원이 애매모호한 경우에는 시험에 영향이 없도록 상식적인 수준에서 수치를 적용한다.
- 굴삭기 제원이 다양하기 때문에 저자가 제시한 평면도는 여러 가지 가능한 도면 중의 하나일 뿐이다. 즉, 실제 시험장에서는 준비된 장비의 제원에 따라 달라질 수 있다.

■ 코스운전 자의적 평면도 주요 제원

- 차로 폭(D) = 1.8 × 차폭(d) = 1.8 × 2.5 = 4.5m
- 차로 외측 회전반경(R1) = 2.7 × 축간거리(E) = 2.7 × 2.8 = 7.56m(앞뒤 차폭이 같다고 가정)
- 차로 내측 회전반경(R2) = R1 - 1.8d = 7.56-4.5 = 3.06m
- 차로 중심 회전반경(R0) = R2 + 0.5D = 3.06 + 2.25 = 5.31m
- 곡선 길이(원주) = 2 × 3.14 × R0 = 2 × 3.14 × 5.31 = 33.35m
- 전진주행 길이(L1) = 33.35m × 6/8 = 25.0m
- 후진주행 길이(L2) = 33.35m × 6/8 = 25.0m
- 총 주행거리(L) = 전진주행 + 후진주행 = 25 + 25 = 50.0m
- 주차선 길이(P) = 2 × 축간거리 = 2 × 2.8 = 5.6m

참고 사항

◈ 제조사별로 굴삭기 제원이 다양하기 때문에 하나로 통일된 표준도면은 없을 것으로 생각된다. 제원에 따라 시험장 규격이 달라질 수 있기 때문이다.

◈ 더 자세한 사항은 한국산업인력공단 큐넷에서 공개한 설치도면을 참고하여 직접 한번 그려 보기를 권한다.

2. 코스운전 실사모형

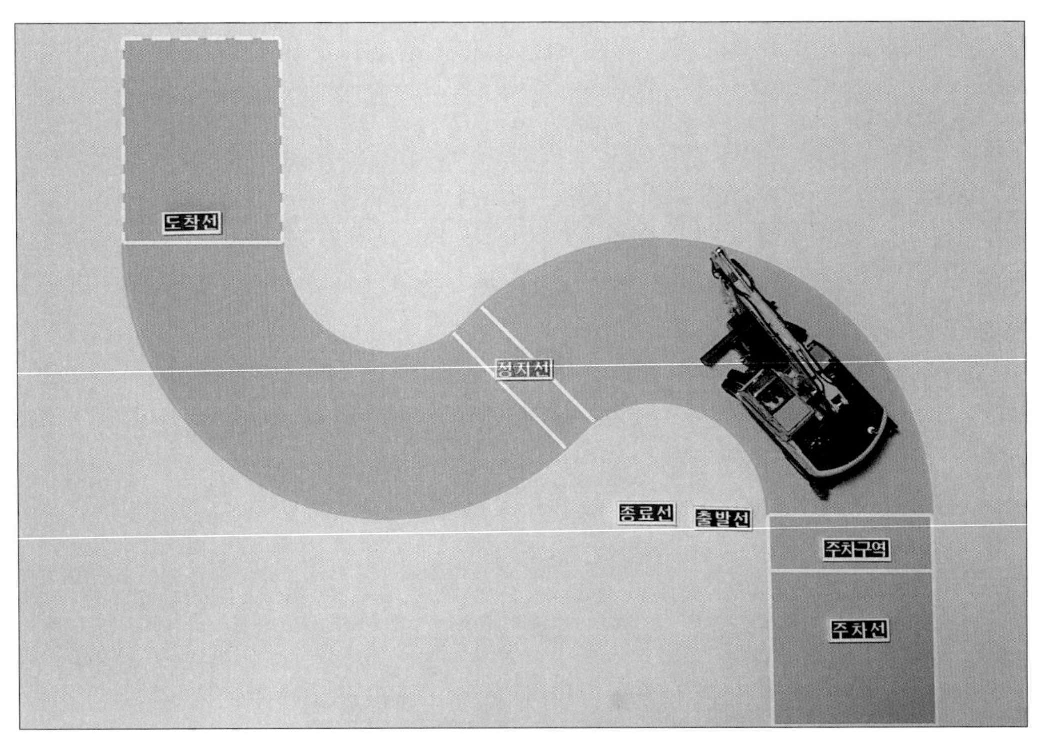

[전체 코스운전 평면]

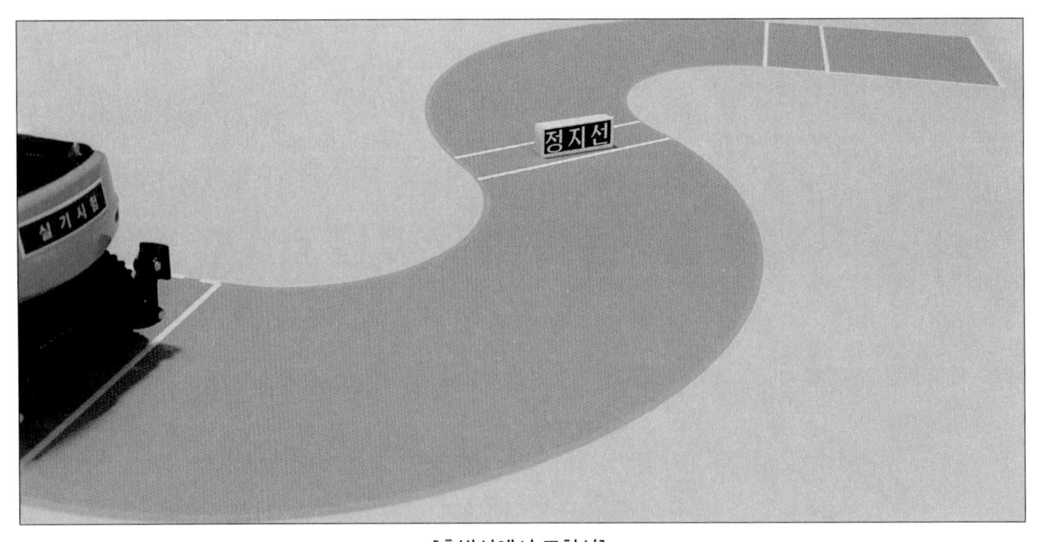

[출발선에서 도착선]

[출발선]

[정지선에서 도착선]

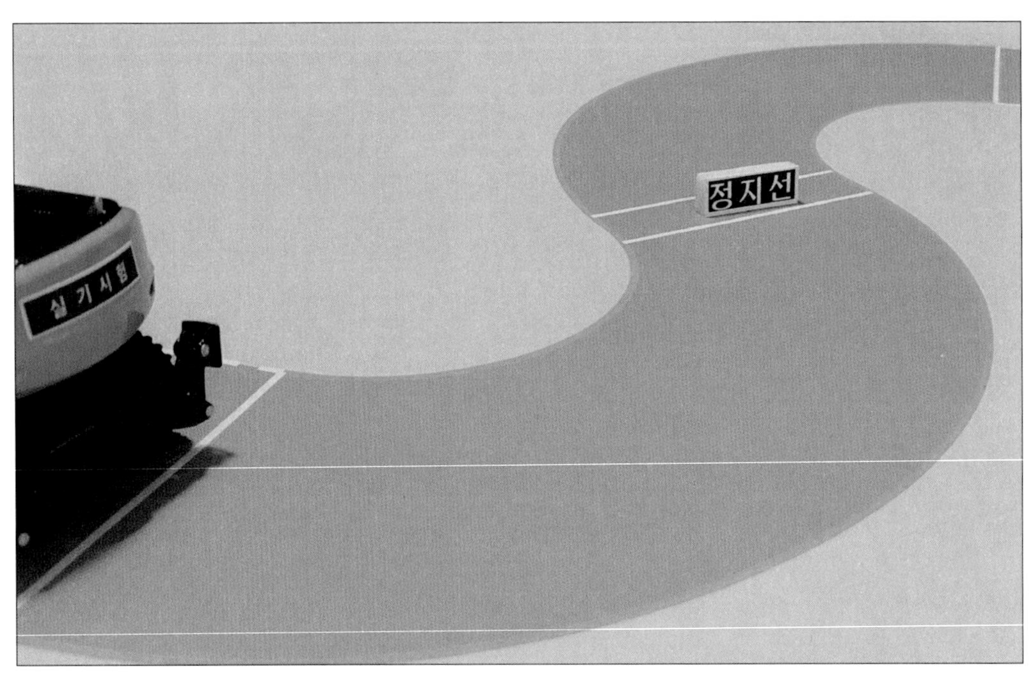

[변곡점, 정지선]

[도착선]

[종료선]

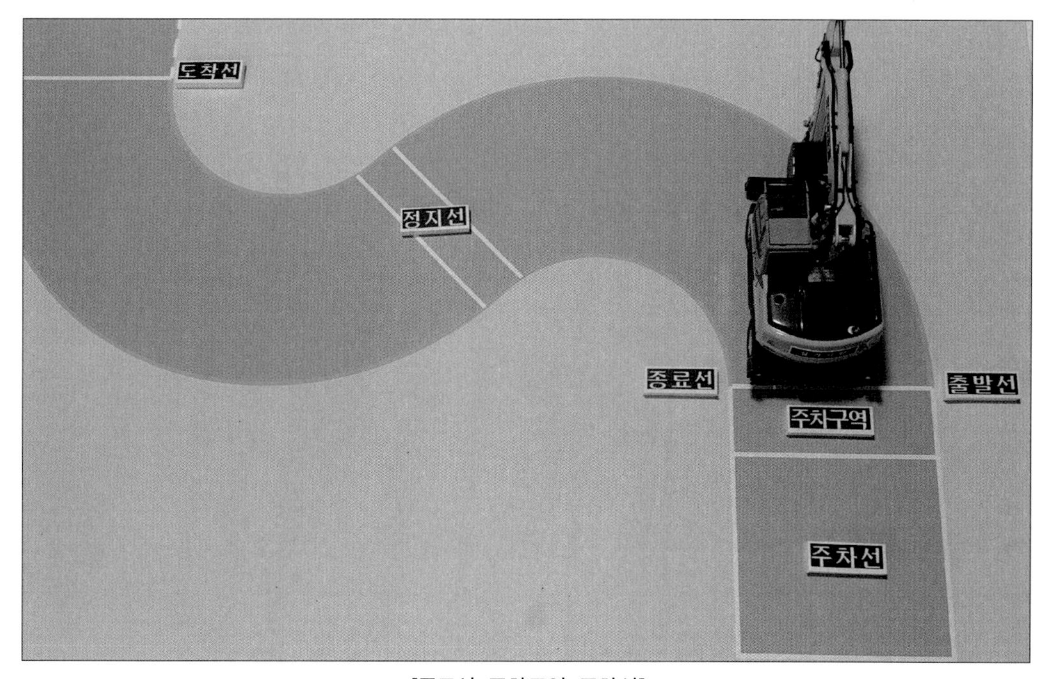

[종료선, 주차구역, 주차선]

3. 작업체계(5개 대분류-18개 소분류 작업단계)

대분류	소분류 작업단계	중요도	난이도
01) 준비 및 출발	① 시험시작 전 준비	하	하
	② 탑승 전 준비	하	중
	③ 탑승 후 준비	하	중
	④ 출발 의사표시	중	하
	⑤ 코스 출발	하	하
02) S 코스 전진	⑥ 출발선 통과	중	하
	⑦ 정지선 정차	상	중
	⑧ 전진주행	상	상
	⑨ 도착선 정차	상	중
03) S 코스 후진	⑩ 도착선 후진통과	중	상
	⑪ 정지선 후진통과	상	상
	⑫ 후진주행	상	상
	⑬ 종료선 후진통과	중	상
04) 종료선 도착	⑭ 주차구역	중	중
	⑮ 주차선	하	하
	⑯ 주차	상	상
05) 마무리	⑰ 기어, 브레이크, 안전벨트	중	중
	⑱ 정리 및 하차	하	하

■ 난이도와 중요도는 3등급 상대평가: 상 6개, 중 6개, 하 6개

4. 작업단계별 기본과 원칙

01. 시험시작 전 준비

중요도			대분류	소분류 작업단계	난이도		
상	중	하	준비 및 출발	01. 시험시작 전 준비	상	중	하
누계 주행 시간+이전 총 소요 시간+현 소요 시간				0분+0분+30분	권장 누계 시간		-

☞ **시작이 반이다. 시험장에 도착했다면 합격할 확률은 50%이다.**

■ 규정된 복장을 착용한다.

- 착용복장은 감독위원의 채점사항에 포함되기 때문에 반드시 규정된 복장을 착용한다.
- 확실한 방법은 상의는 긴팔, 하의도 긴 바지, 신발은 운동화이다(자세한 사항은 공단의 「수험자 지참 공구 목록」을 참고한다).
- 특히, 여름철에 팔 토시는 가능하나 짧은 셔츠, 반바지, 슬리퍼는 절대로 착용하지 말아야 한다.
- 선글라스(Sunglasses)에 대한 정확한 규정을 찾을 수는 없었으나 특별한 사정이 있는 경우를 제외하고는 권장하지 않는다.

■ 착용복장 예시

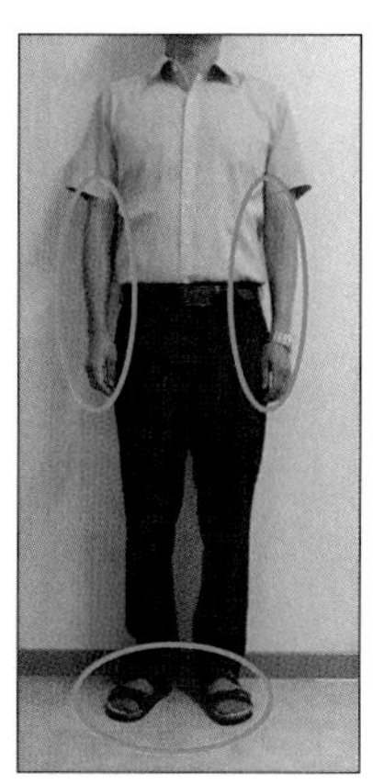

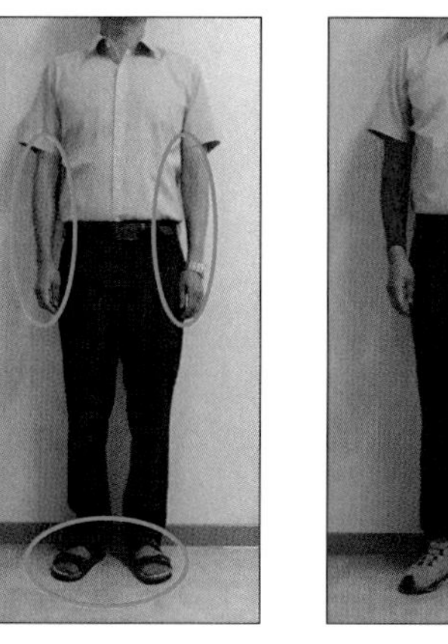

[부적절한 복장] [적절한 복장]

저자 경험

◈ 첫 시험에 깜빡하고 반팔 상의를 입고 가서 급하게 긴팔 상의를 구입했다. 다행히 2시간 일찍 도착했고 오후시험이라 여유가 있었다.

◈ 혹시 반팔 상의라면 다른 수험생에게 긴 웃옷 등을 빌리는 것도 하나의 방법이다.

■ 혈중 알코올 농도 0.03% 이상이거나 음주 측정을 거부하는 경우에는 시험에 응시할 수 없기 때문에 한 잔의 술도 먹어서는 안 된다.

■ 휴대전화, 시계류(손목시계, 스톱워치 등)는 시험시작 전에 관리위원에게 제출해야 하기 때문에 안전한 곳에 맡기거나 보관하면 나중에 덜 번거롭다.

■ 합격률을 높이기 위해서는 시험시작 30분 전에 도착해서 수험장을 둘러보거나 오후시험을 선택해서 오전시험을 모니터링한다.

■ 시험장 둘러보기 착안사항

- 시험장, 운영본부, 대기실, 화장실 등의 위치 확인
- 도착선 정차를 위한 전방의 여유 공간과 대략적인 정차 위치
- 고깔 터치는 바로 실격이므로 고깔의 위치와 간격 유의
- 지게차 시험과 인접해서 시험을 치르는지 여부와 떨어져 있는 정도

■ 다른 수험생 모니터링 착안사항

- 라인터치로 시험장에서 주로 실격되는 곳의 위치
- 전진주행 S 코스 변곡점에서 핸들 돌리는 위치와 돌리는 정도
- 도착선 통과 후에 정차하는 위치
- 후진주행 S 코스 변곡점에서 핸들 돌리는 위치와 돌리는 정도
- 감독위원, 관리위원, 진행요원의 위치와 동선
- 굴삭기 감독위원의 호각소리와 지게차 감독위원 호각소리 혼동 여부

■ 연습했던 코스와 차이가 있는지를 확인하고 대비한다.

- 굴삭기마다 차폭과 축간거리가 다를 수 있고, 차폭과 축간거리에 따라 시험장 차로 폭, 곡선구간의 곡선반경, 곡선의 길이가 다를 수 있기 때문에 평소 연습했던 코스와 차이가 있는지를 확인한다.
- 대략적인 방법으로 차로 중심선을 따라서 걸어 보고 평소 연습했던 코스와 걸음 수에 차이가 있는지를 살펴본다.
- 곡선구간에서는 굴곡의 정도를 살펴본다. 곡선반경의 크기에 따라 핸들을 많이 감을 수도, 혹은 적게 감을 수도 있기 때문이다.

■ 시험장에 준비된 장비와 연습했던 장비와의 차이를 확인한다.

- 제조사, 제조연도 등에 따라 기어 작동방법, RPM 위치, 핸들 조절방법 등이 다를 수 있다
- [별지 5] 전국 중장비 시험장 장비기종 현황을 참조한다.
- 장비에 따라 핸들이 돌아가는 정도가 다를 수 있기 때문에 수험생을 모니터링할 때 핸들 돌리는 정도를 눈대중으로 확인하고 대비한다.
- 시험장에 준비된 장비가 몇 대인지를 확인한다. 장비가 2대인 경우에는 서로 다른 기종일 확률이 높으며 혹시 코스운전과 굴착작업이 동시에 진행될 수도 있기 때문에 마음의 준비를 한다.
- 실기시험은 사설 학원을 임대하여 시험을 진행하는 경우가 많고, 해당 학원 소속의 수험생은 장비조작에 다소 이점이 있다. 그러나 방심하면 안 된다. 장비 고장으로 학원 장비가 아니고 임대 장비가 긴급으로 투입될 수도 있기 때문이다.

■ 전진주행과 후진주행을 위한 기어 작동 방식 사례

[H제조사, 레버를 들어서 앞뒤로 조작]

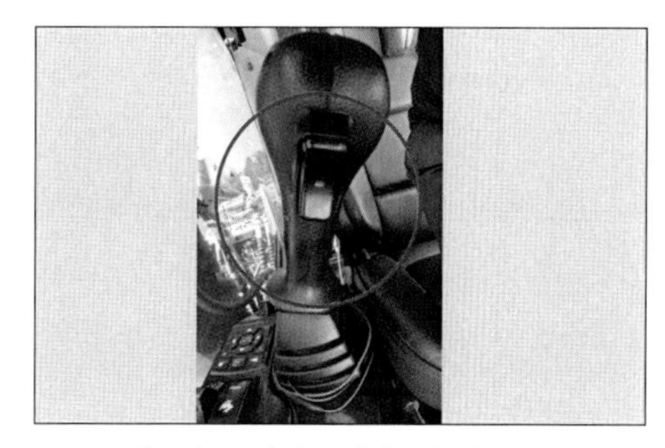
[V제조사, 스위치를 앞뒤로 눌러서 조작]

저자 경험

◈ 두 번째 시험에서는 첫 번째와 달리 코스시험에 1대, 굴착시험에 1대가 각각 준비되어 있었다. 시험시작 전에 관리위원의 설명으로는 특이사항이 없었음에도 불구하고 코스시험 후에 대기 없이 바로 굴착시험에 응시하여 당황했던 경험이 있다.

착안 사항

▣ **착용복장은 고민하지 말고 긴 상의, 긴 바지, 운동화를 착용한다.**

▣ **조금 일찍 와서 여유를 갖고 시험장을 둘러본다.**

▣ **굴삭기 장비를 미리 확인하고 문의사항을 준비한다.**

02. 탑승 전 준비

중요도			대분류	소분류 작업단계		난이도		
상	중	하	준비 및 출발	02. 탑승 전 준비		상	중	하
누계 주행 시간 + 이전 총 소요 시간 + 현 소요 시간				0분 + 30분 + 24분	권장 누계 시간	-		

■ 시험시작은 장비를 탑승하는 것이 아니고 관리위원의 시험설명이라고 할 수 있다. 설명을 귀담아듣고 궁금한 사항은 꼭 물어본다.

- 큐넷(Q-Net)에서 접수할 때 알 수 있듯이 실기시험은 일반적으로 오전과 오후의 2부로 구성되어 있고 각각 25명이 시험을 치른다(지역에 따라 다를 수도 있으며 4부까지 진행될 수도 있다).
- 관리위원은 시험장 대기실에서 응시생에게 시험 진행, 유의사항 등을 설명하고 인적사항을 확인한 후 무작위 추첨으로 시험순서를 정한다.

■ 관리위원 설명 후에 대기실에서 시험장으로 이동한다. 여기서 시험장 소속의 진행요원이 장비조작에 대한 설명을 하고 질의응답을 한다. 이어서 진행요원은 코스운전 시범을 보인다.

- 평소 연습했던 장비가 아니라면 진행요원의 설명을 꼼꼼히 듣고 궁금한 사항은 반드시 질의하고 답변을 들어야 실수하지 않는다.
- 장비는 기종에 따라 전진, 후진하는 기어 작동 방식이 다를 수 있다.
- 운전대 앞뒤 조정과 운전석 상하좌우를 조정하는 방법을 파악한다.
- 브레이크, 가속페달, 안전레버, 안전벨트 등의 위치를 파악한다.

■ 진행요원의 설명과 시범 후에 시험순서에 따라 5명 내외를 남기고 나머지 응시자는 대기실로 이동한다.

- 시험순서가 앞인 경우 긴장하지 않도록 자기만의 해소방안을 미리 준비해 둔다.
- 대부분의 응시생은 정도의 차이는 있지만, 긴장감을 느낀다. 긴장감 때문에 몇 개월을 준비한 시험에서 평소 연습했던 실력을 제대로 발휘하지 못해서 아쉽게 망치는 경우가 많다.
- 합격을 위해 첫 번째로 통과해야 하는 관문이 긴장감 해소를 위한 마인드 컨트롤(Mind Control)이다.

- 긴장감 완화를 위해서 약국에서 판매하는 의약품, 박하사탕, 은단과 같이 입안과 기분을 시원하게 하는 기호식품을 이용하는 것도 좋다.

■ 대기실로 다시 이동한 수험생의 경우에는 조금 여유가 있다. 대기하는 수험생 간의 대화에서 참고할 만한 내용들이 있을 수 있다. 시험을 치르는 학원 소속의 응시생이 많기 때문이다.

■ 진행요원의 지시로 대기실에서 시험장으로 이동했다면 대기하면서 가상주행, 정보수집, 시뮬레이션(Simulation)을 한다.

- 평소 연습했던 공식을 생각하면서 가상으로 코스운전을 해 본다.
- 미리 살펴봤던 코스운전 차로의 특징, 굴삭기 기종, 응시생이 실격한 위치 등을 종합적으로 고려해서 시뮬레이션해 본다.
- 시뮬레이션은 앞의 응시생이 주행하는 것을 보면서 작업단계별로 구체적으로 한다. 즉, 실제상황을 쫓아가면서 한다.
- 응시자를 관찰하면서 반드시 채점하는 감독위원의 눈으로 살피고 벤치마킹(Bench Marking)을 해야 한다.

■ 마지막으로 탑승 전에 가장 중요한 것이 장비 위치의 확인과 조정이다.

- 출발 전의 굴삭기 최초 위치는 합격의 당락에 영향을 미칠 만큼 중요하기 때문에 탑승 전에 반드시 주차된 굴삭기 위치가 적정한지를 확인하고 판단해야 한다.
- 진행요원의 지시로 굴삭기에 탑승한 후에는 다시 하차하여 위치조정을 요구하기에 어려움이 있고 수험생도 이를 챙길 여력이 없다.
- 굴삭기가 한쪽으로 치우쳐져 있거나 삐딱하게 주차된 상태에서 출발하게 되면 출발하자마자 평소 연습한 상태로 회복하기 위해서 핸들을 급격하게 돌려야 하는데 초보자인 경우에는 쉽지가 않다.
- 출발선에서 당황하면 S 코스 변곡점에서 실수할 수 있고 이어서 도착선 통과가 한쪽으로 치우칠 수 있으며 결국에는 후진주행에도 영향을 미쳐서 전체적인 흐름에 영향을 미칠 수 있다.
- 평소 연습 때와 다르게 한쪽으로 치우쳐져 있는 경우에는 반드시 진행요원에게 장비 위치를 시정해 줄 것을 요구한다.
- 장비 위치가 출발선과 평행하지 않고 틀어져 있는 경우에도 진행요원에게 장비 위치를 시정해 줄 것을 요구한다.

■ 출발 전 부적절한 장비 위치

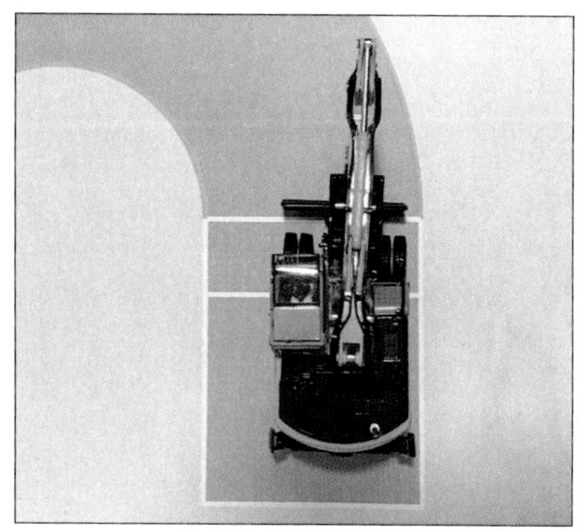

[치우친 주차]

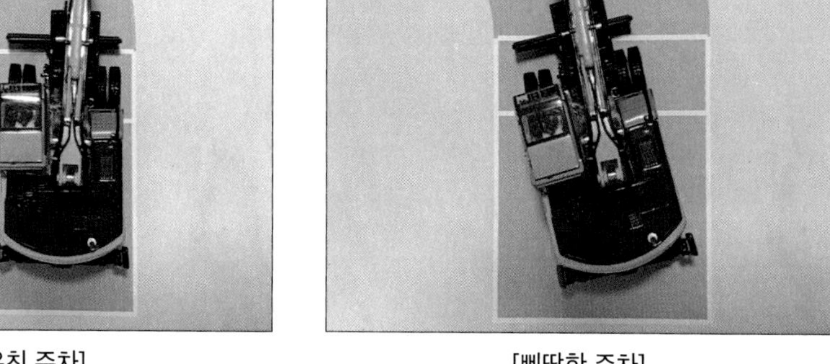

[삐딱한 주차]

- 수험생이 위치조정을 요구할 경우에 진행요원 기준에서는 능숙한 기술자이기 때문에 위치에 별다른 문제가 없다고 판단하여 위치조정을 거부할 수도 있다.
- 이런 경우에 수험생이 판단하여 위치조정이 꼭 필요하다고 생각되면 다시 요구하거나 진행요원이 아닌 감독위원이나 관리위원에게 요구한다.

저자 경험

◈ 저자 본인도 시험 전에 긴장을 많이 하는 편이다. 긴장 완화를 위해서 주로 처방 없이 먹을 수 있는 마시는 우황청심환을 먹었다. 사람마다 다를 수 있기 때문에 수험생 스스로에게 맞는 방식을 미리 준비해야 한다.

착안 사항

- ▣ **진행요원의 장비설명을 듣고 궁금한 사항은 반드시 물어본다.**
- ▣ **실력 발휘와 긴장 완화를 위해 마인드 컨트롤을 한다.**
- ▣ **응시자를 관찰하면서 감독위원의 눈으로 벤치마킹한다.**
- ▣ **굴삭기 위치가 부적절하거나 자신이 없으면 수정을 요구한다.**

03. 탑승 후 준비

<table>
<tr><th colspan="3">중요도</th><th>대분류</th><th colspan="2">소분류 작업단계</th><th colspan="3">난이도</th></tr>
<tr><td>상</td><td>중</td><td>하</td><td>준비 및 출발</td><td colspan="2">03. 탑승 후 준비</td><td>상</td><td>중</td><td>하</td></tr>
<tr><td colspan="4">누계 주행 시간 + 이전 총 소요 시간 + 현 소요 시간</td><td>0분+54분+15초</td><td colspan="2">권장 누계 시간</td><td colspan="2">-</td></tr>
</table>

■ 감독위원의 지시에 따라 굴삭기에 탑승하되, 천천히 탑승한다.

- 서두르면 당황해서 연습하고 준비한 것을 실수할 수 있기 때문이다.
- 천천히 탑승하면서 출발하기 전에 해야 할 것들을 생각해 본다.
- 25명의 시험 시간, 장비조정 시간 등을 감안하면 3시간 이상 소요되기 때문에 진행요원은 최대한 빨리 진행하려고 한다.

■ 제일 먼저 안전벨트를 착용하고, 운전대를 몸에 맞게 조정한다.

- 벨트 착용 후에는 운전대 조정페달을 밟아서 앞뒤로 편하게 조정한다.

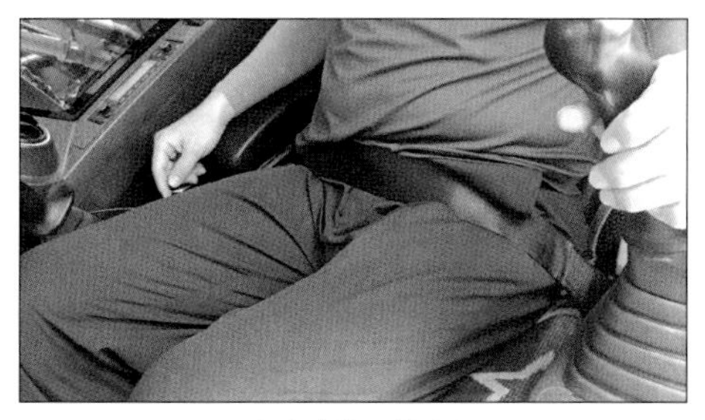

[안전벨트 착용]

[운전대 조정페달]

■ 엔진출력 RPM 스위치는 절대로 조작하지 않는다.

- RPM을 조작해서 코스주행을 하면 여건에 따라 실격될 수 있다.

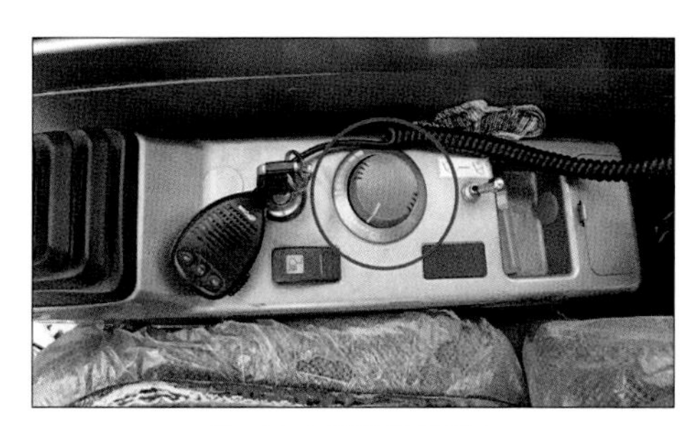

[RPM 스위치 미조작]

[RPM 스위치 조작]

■ 버킷을 움직일 수 있는 안전레버는 절대로 조작하지 않는다.

- 주행 중에 버킷이 움직이면 안전사고를 유발할 수 있다.
- 조정박스와 안전레버는 반드시 잠금(Lock) 상태로 해야 한다.
- 풀림(Unlock) 상태로 조작하면 안전사고 위험으로 실격될 수 있다.

[조정박스, 안전레버 잠금(Lock)]

[조정박스, 안전레버 풀림(Unlock)]

■ 전진, 후진, 정차, 주차 이외의 기능은 절대로 조작하지 않는다.

■ 브레이크 체결 여부를 확인하고 미체결 시 밟아서 체결한다.

- 브레이크 미체결 시에는 급출발로 안전사고를 유발할 수도 있다.
- 밟아서 브레이크를 체결하고 체결되면 옆에 있는 고정장치가 브레이크를 고정한다.

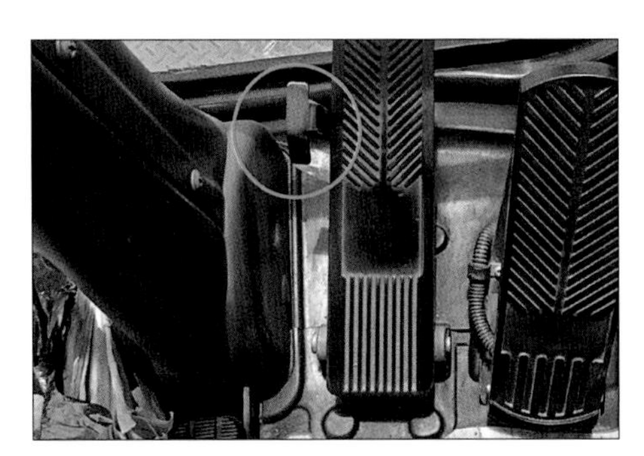

[브레이크 체결]

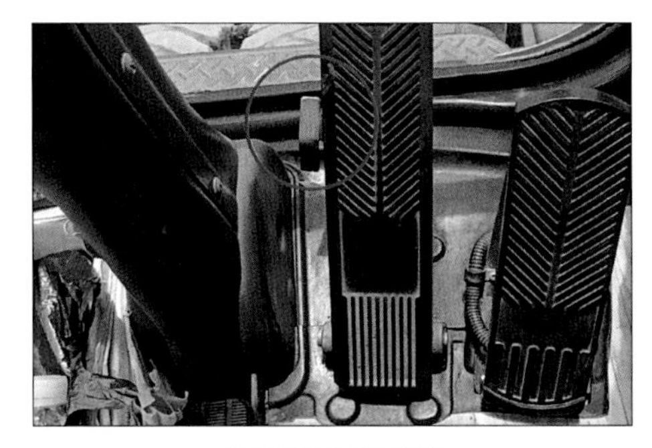

[브레이크 미체결]

착안 사항

▣ 안전벨트를 착용하고, 브레이크 미체결 시 체결한다.

▣ 전진, 후진, 정차, 주차 기능만 사용한다.

▣ 조정박스와 안전레버는 반드시 잠금(Lock) 상태로 유지한다.

04. 출발 의사표시

중요도			대분류	소분류 작업단계		난이도		
상	중	하	준비 및 출발	04. 출발 의사표시		상	중	하
누계 주행 시간+이전 총 소요 시간+현 소요 시간				0분+54분15초+5초	권장 누계 시간	-		

☞ **아직까지 코스운전 제한 시간 2분이 시작되지 않았다.**

■ 탑승 후 출발 준비가 되면 감독위원에게 출발 의사표시를 한다.

- 의사표시 방법은 감독위원과 눈을 마주치면서 손을 드는 것이다.
- 일반적으로 감독위원은 2명이므로 앞의 응시생이 어느 감독위원에게 출발 의사표시를 하는지 눈여겨보고 따라서 한다.

[출발 의사표시 정면]

[출발 의사표시 측면]

■ 출발 의사표시 없이 출발하면 감독위원이 재출발을 지시하는 경우가 있을 수 있다.

- 감독위원이 시간 측정을 못 할 수 있기 때문이다.

■ 코스운전 제한 시간은 2분이다. 2분을 초과하면 감독위원이 호각으로 실격을 알린다. 반드시 2분 이내에 코스운전을 완료해야 한다.

- 코스운전 2분의 시작시점은 출발 의사표시가 아니고 굴삭기가 출발선을 통과하는 시점부터이다.

착안 사항

- **▣ 마인트 컨트롤 후에 심호흡을 하고 출발 의사표시를 한다.**
- **▣ 출발 의사표시는 감독위원에게 한다.**
- **▣ 의사표시 후 1분 이내에 반드시 출발선을 통과해야 한다.**

05. 코스 출발

중요도			대분류	소분류 작업단계		난이도		
상	중	하	준비 및 출발	05. 코스 출발		상	중	하
누계 주행 시간 + 이전 총 소요 시간 + 현 소요 시간				0분 + 54분20초 + 5초	권장 누계 시간	-		

☞ **이제부터가 진정한 시험의 시작이다.**

■ 응시생이 감독위원에게 출발 의사표시를 하면 감독위원은 호각으로 출발하라는 신호를 한다.

- 응시생은 1분 이내에 반드시 출발선을 통과해야 한다.
- 출발선 통과 기준은 굴삭기 앞바퀴가 출발선을 통과하는 것이다.
- 전진주행을 위해서는 기어변속을 해야 하는데 응시생이 미숙해서 기어변속을 못하거나 긴장해서 기어변속을 잊어버리는 경우에는 장비가 움직이지 않고 시간만 흘러가게 된다.
- 1분 이내에 굴삭기 앞바퀴가 출발선을 통과하지 못하면 실격될 수 있다. 절대로 긴장하지 말고 서두르지 말고 시험에 응해야 한다.

■ 출발 의사표시 이후에 감독위원이 출발을 지시하는 호각을 불었다면 장비가 출발하지 못해도 응시생은 도움을 받을 수 없다.

- 시간은 계속 흐르고 조작미숙이나 시간초과로 실격될 수 있다.
- 장비문제로 인하여 출발하지 못하는 경우는 거의 없다고 보는 것이 일반적이다(장비가 문제인 경우에는 이의제기를 할 수 있다).

■ 감독위원의 출발지시인 호각소리에 맞춰서 출발하기 위해서는 기어를 변속하고 브레이크를 해제한 후 가속페달을 천천히 밟는다.

■ 앞에서도 설명했듯이 응시생은 정도의 차이는 있지만, 누구나 다 긴장한다.

- 가장 긴장을 많이 하는 것이 시험시작 바로 직전이다.
- 코스 출발은 출발선 통과를 위한 마지막 준비단계이다.
- 시험이 진행되면 오히려 긴장을 덜 하는 경향이 있다.

■ 앞바퀴가 출발선을 넘지 않았다면 시험시작이 아니다.

- 폭 150㎝ 주차구역에 주차해 있는 앞바퀴가 출발선을 넘기 전에는 코스 출발의 준비단계이다.
- 출발선을 넘어서야 시험의 시작이다.

■ 출발선 전경

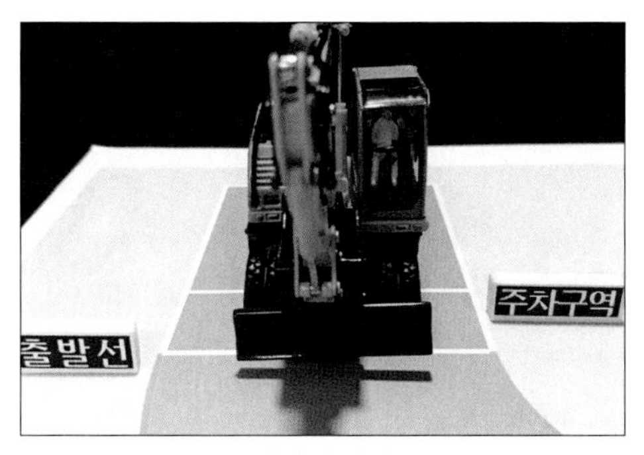

[앞바퀴 정면]

[출발선 측면]

■ 출발선에서 바라보는 전경

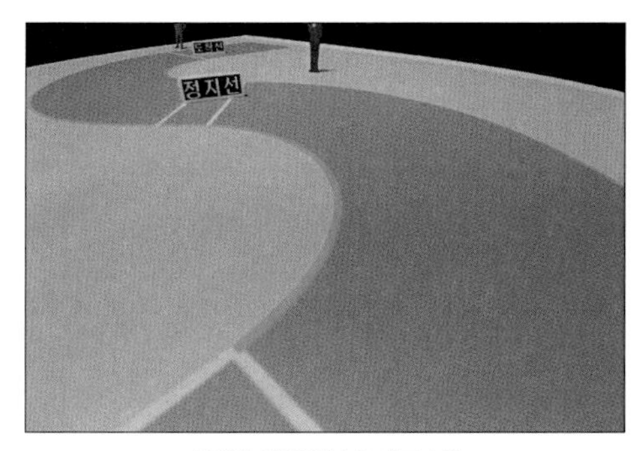

[출발선에서 본 정지선]

[출발선에서 본 도착선]

착안 사항

- ▣ **감독위원의 출발지시가 있으면 천천히 출발한다.**
- ▣ **출발을 위해 기어를 변속하고 브레이크를 해제하고 가속페달을 천천히 밟는다.**
- ▣ **앞바퀴가 반드시 1분 이내에 출발선을 통과해야 한다.**

06. 출발선 통과

중요도			대분류	소분류 작업단계		난이도		
상	**중**	하	S 코스 전진	06. 출발선 통과		상	중	**하**
누계 주행 시간 + 이전 총 소요 시간 + 현 소요 시간				0분 + 0초 + 0초	권장 누계 시간	0초		

☞ **여기서부터 코스운전 제한 시간 2분이 시작되는 시점이다.**

■ 제한 시간 2분의 기준이 되는 시점은 바로 굴삭기 앞바퀴가 출발선을 통과하는 순간이다.
- 이때부터 감독위원은 스톱워치로 시간을 측정한다.
- 출발선을 통과하여 도착선을 거쳐 2분 이내에 종료선을 통과하지 못하면 감독위원은 시간초과로 실격을 알린다.

■ 출발선은 반드시 브레이크가 해제된 상태로 통과해야 한다.
- 브레이크가 잠긴 상태에서 출발선을 통과하면 실격될 수 있다.

■ 출발 의사표시 후 출발선 통과

[출발선 통과]

[출발선 통과]

■ 전방에 있는 정지선에 정차할 것을 준비하면서 서행으로 출발한다.

착안사항

- **코스운전 2분 제한 시간이 시작되는 시점이다.**
- **브레이크를 반드시 해제하고 출발선을 통과한다.**
- **전방에 있는 정지선에 정차할 것을 미리 준비한다.**

07. 정지선 정차

<table>
<tr><th colspan="3">중요도</th><th>대분류</th><th colspan="2">소분류 작업단계</th><th colspan="3">난이도</th></tr>
<tr><td>상</td><td>중</td><td>하</td><td>S 코스 전진</td><td colspan="2">07. 정지선 정차</td><td>상</td><td>중</td><td>하</td></tr>
<tr><td colspan="4">누계 주행 시간 + 이전 총 소요 시간 + 현 소요 시간</td><td>23초 + 0초 + 3초</td><td colspan="2">권장 누계 시간</td><td colspan="2">26초</td></tr>
</table>

☞ **코스운전 합격을 위한 필수과제가 정지선 정차이다.**

■ 정지선 정차는 반드시 해야 한다.

- 정지선 정차는 선택이 아닌 필수이다. 미정차 시 실격될 수 있다.
- 정지선의 위치는 S 코스의 중간에 있다.
- S 코스는 좌우 굽은 차로와 우로 굽은 차로의 연결곡선이며 연결지점에 정지선이 있다.
- 정지선은 진행방향 직각방향으로 있는 두 개의 실선으로 폭이 110㎝이다.

■ 정지선 전경

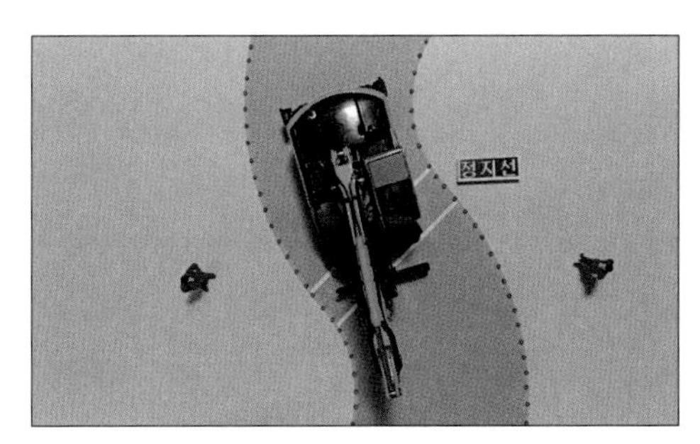

[정지선 상공]

[정지선 정면]

[우측 앞바퀴]

[좌측 앞바퀴]

■ 정지선에 정차할 때는 서행으로 천천히 정차한다.

- 정지선 정차의 기준은 굴삭기 앞바퀴 중에 진행방향 왼쪽 바퀴(운전석 쪽 바퀴)가 정지선에 도착하여 정차하는 것이다.
- 정차하는 위치는 두 개의 실선 중간쯤을 권장한다.
- 아슬아슬하게 선을 밟기보다는 확실하고 보기도 편하게 중간쯤을 권하는 것이다.
- 정지선에 적절하게 정차하였다면 굴삭기 바퀴 상태는 일반적으로는 좌측으로 거의 다 감겨진 상태이다.

■ 정지선 정차 후에는 반드시 브레이크를 체결하고 재출발할 때는 브레이크를 해제하고 재출발한다.

- 브레이크 체결 여부는 응시생이 브레이크 작동 여부를 육안으로 보거나 굴삭기 후미의 브레이크등으로 확인할 수 있다.

■ 좌로 굽은 차로를 주행한 후에는 정지선에 정지한 상태이고, 재출발할 때는 핸들을 반대로 감으면서 우로 굽은 차로 주행을 준비한다.

- 정지선은 S 코스의 중간지점에 있으면서 방향이 바뀌는 지점이다.
- 정지선에서 도착선까지는 핸들을 현재와 반대로 감으면서 주행한다.

참고 사항

◈ 주차: 차를 계속 정지 상태에 두거나 즉시 운전할 수 없는 정지 상태
◈ 정차: 5분을 초과하지 않고 차를 정지시키는 것으로 주차 외의 정지 상태

착안 사항

▣ 정지선에서는 반드시 서행으로 정차해야 한다.
▣ 굴삭기 진행방향 왼쪽 앞바퀴가 정지선에 정차한다.
▣ 정차 후에는 브레이크를 체결했다가 해제 후에 재출발한다.

08. 전진주행

중요도			대분류	소분류 작업단계		난이도		
상	중	하	S 코스 전진	08. 전진주행		상	중	하
누계 주행 시간 + 이전 총 소요 시간 + 현 소요 시간				45초 + 3초 + 0초	권장 누계 시간	48초		

■ 전진주행은 좌로 굽은 곡선 차로와 우로 굽은 곡선 차로를 진행방향으로 주행하는 것이다.

- 앞바퀴가 출발선을 출발해서 앞바퀴가 정지선에 정차한 후에 뒷바퀴가 도착선을 통과하는 것까지가 전진주행이다.

■ 전진주행 전경

[출발선에서 도착선까지 정면]

[출발선에서 도착선까지 측면]

■ 전진주행 S 코스는 배향곡선(背向曲線)이다.

- 정지선이 동일한 접속점이며 정지선을 기준으로 방향이 바뀐다.
- 2개의 곡선은 각각 135°씩 돌아간다. 총 270° 돌아간다.
- 원 360° 기준으로 270÷360 = 6/8(75%)이다.
- 차로 중심 회전반경(R0)이 5.31m인 경우, 원둘레는 33.35m이다.
- 전진주행의 길이 = 6/8 × 33.35 = 25.0m
- 출발선에서는 좌로 굽은 차로이므로 핸들을 좌측(반시계)방향으로 천천히 감아 돌리고,
- 변곡점인 정지선에서는 핸들을 우측(시계)방향으로 천천히 푼다.
- 정지선에서 도착선까지는 우로 굽은 곡선이므로 우측(시계)방향으로 핸들을 천천히 감는다.

■ 전진주행은 급출발, 급제동 없이 서행으로 자연스럽게 운행한다.

- 핸들 조작은 정차하여 감거나 풀기보다는 서행으로 주행하면서 자연스럽게 핸들을 조종하는 것이 바람직하다.
- 약간의 실수로도 평소에 연습했던 경로를 벗어날 수 있기 때문에 핸들 조작을 급하게 하지 말고 천천히 한다.
- 핸들 조작에 실수가 있어서 도착선 도착에 지장이 있는 경우를 제외하고는 정차하여 수정하지 말고 그대로 도착선을 통과해서 후진주행에서 바로잡기를 권한다.

■ 전진주행 시에는 상부회전체를 반드시 고정시켜야 한다.

- 전진주행 중에 응시생 부주의로 상부회전체가 회전하거나 움직이게 되면 장비조작 미숙이나 안전위험 등으로 실격될 수 있다.

■ 고깔이 놓여 있는 차선을 접촉(터치)하면 실격이다.

- 출발선, 정지선, 도착선, 종료선, 주차구역선은 접촉(터치)해도 된다.
- 주차선은 접촉해도 된다. 그러나 제대로 된 주차를 위해서는 접촉하지 않기를 권한다.

참고 사항

◈ 본 참고서에서는 S 코스 전진주행을 할 때 얼마의 간격을 띄우고 어디에서 핸들을 감거나 돌리고, 후진주행을 할 때 핸들을 어디에서 감고, 돌리고 등과 같은 소위 일컫는 '공식'에 대해서는 자세하게 설명하지 않는다.

◈ 공식은 장비의 기종, 연식, 제원과 시험장 여건에 따라서 다를 수 있기 때문이다.

◈ 다만, 저자가 시험을 볼 때 익힌 경험을 참고용으로 제시한다.

착안 사항

▣ 전진주행은 급출발, 급제동 없이 서행으로 주행한다.

▣ 굴삭기 측면의 고깔이나 차선을 밟으면 실격이다.

▣ 전진주행 시에는 반드시 상부 회전체를 고정해야 한다. 상부 회전체가 움직이면 실격될 수도 있다.

09. 도착선 정차

중요도			대분류	소분류 작업단계		난이도		
상	중	하	S 코스 전진	09. 도착선 정차		상	중	하
누계 주행 시간 + 이전 총 소요 시간 + 현 소요 시간				45초 + 3초 + 3초	권장 누계 시간	51초		

☞ **도착선에 실격 없이 도착했다면 코스주행의 50%를 완료한 것이다.**

■ 도착선을 통과하여 정차하는 것도 정지선 정차와 마찬가지로 선택이 아닌 필수과정이다.
- 도착선을 통과하여 정차하지 않고 후진주행하면 실격될 수 있다.

■ 도착선 통과의 기준은 굴삭기 뒷바퀴 모두가 통과하는 것이다.
- 통과는 확실하게 해야 한다. 도착선 차선에 접촉 없이 넘어서야 한다.
- 뒷바퀴 모두가 반드시 도착선을 넘어서야 한다.
- 굴삭기 앞바퀴가 도착선을 넘어가지 않는 경우는 거의 없을 것이다.

■ 시험장을 사전에 둘러보거나 대기하면서 도착선을 통과할 때 어느 정도에서 굴삭기 앞바퀴를 정차할 것인지를 결정해야 한다.
- 굴삭기에 탑승한 상태에서 뒷바퀴 도착선 통과여부를 확인하기에는 다소 어려운 점이 있다.
- 앞바퀴 위치를 결정하면 뒷바퀴의 위치는 자연스럽게 결정된다.
- 종료선은 주차구역선과 주차선에 도색이 되어 있어 구별하기가 쉬우나 도착선 전방에는 표식이 없어 바퀴 위치를 가늠하기가 어렵다.

■ 도착선 전경

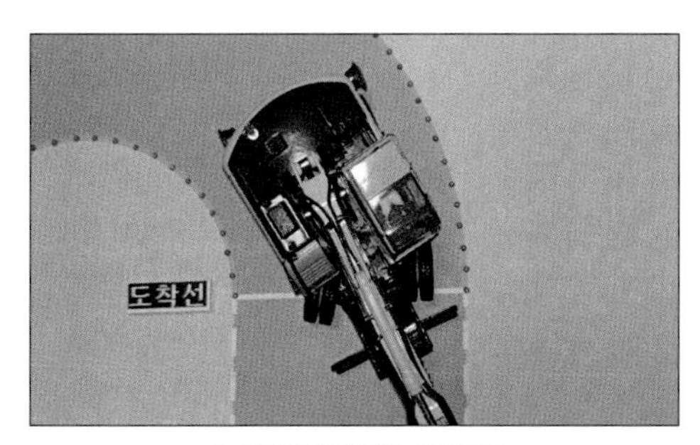

[도착선 앞바퀴 미통과]

[도착선 앞바퀴 미통과]

[도착선 좌측 앞바퀴 미통과]

[도착선 우측 앞바퀴 미통과]

[도착선 뒷바퀴 통과]

[도착선 뒷바퀴 통과]

[도착선 좌측 뒷바퀴 통과]

[도착선 우측 뒷바퀴 통과]

■ 앞바퀴 위치를 사전에 결정하기 위해서는 시험장 여건을 고려해야 한다.

- 출발선과 달리 상대적으로 도착선 전방의 상황은 시험장 여건에 따라서 많이 다르다.
- 장소가 협소한 곳은 도착선 전방에 주행할 수 있는 거리가 짧고,
- 장소가 넓은 곳은 도착선 전방에 주행할 수 있는 거리가 길다.
- 거리가 짧으면 실수로 뒷바퀴가 도착선을 넘어서지 않을 수 있고 거리가 길면 후진주행과 시간 초과로 부담이 된다.
- 뒷바퀴가 도착선에서 0.5~1.0m 정도 떨어질 수 있는 지점에서 앞바퀴 위치를 결정하는 것이 합리적이다.
- 위치를 정할 때는 주변의 지형지물을 이용한다.

■ 정차할 때는 반드시 브레이크 체결 후 정차해야 한다.

- 올바른 정차는 기어를 중립으로 빼고 브레이크를 체결하여 굴삭기가 움직이지 않도록 하는 것이다.
- 브레이크를 밟지 않고 정지하여 후진하는 것은 바람직하지 않다.
- 브레이크를 밟지 않고 굴삭기의 관성으로 자연스럽게 정지한 후에 후진기어를 변속하여 후진 주행하는 경우가 있다. 후미 브레이크등으로 쉽게 브레이크 체결 여부를 확인할 수 있으므로 체결을 권한다.

쉬어가기 ◈ 실기시험의 스트레스를 몽골 고비사막에 묻어 버리자! 푸하하!

저자 경험

◈ 첫 시험은 장소가 넓은 시험장이었다. 도착선 전방 바닥에 유난히 툭 튀어나온 자갈을 기준으로 앞바퀴의 위치를 결정하였다.

착안 사항

▣ 도착선 정차는 필수이며, 브레이크를 꼭 체결한다.
▣ 도착선 통과는 뒷바퀴 모두가 도착선을 넘어가야 한다.
▣ 뒷바퀴 정차 위치는 앞바퀴 위치로 결정되게 한다.

저자가 익힌 전진주행 공식 및 요령

(참고용이며 굴삭기 제원에 따라서 달라질 수 있다)

- 전진주행은 좌측 앞바퀴가 기준이다.
- 좌로 굽은 차로를 먼저 주행한다.
- 좌측 앞바퀴를 좌측 차선과 1.2m 유지하면서 정지선으로 주행한다.

※ ± 20㎝ 여유(오차) 있음.

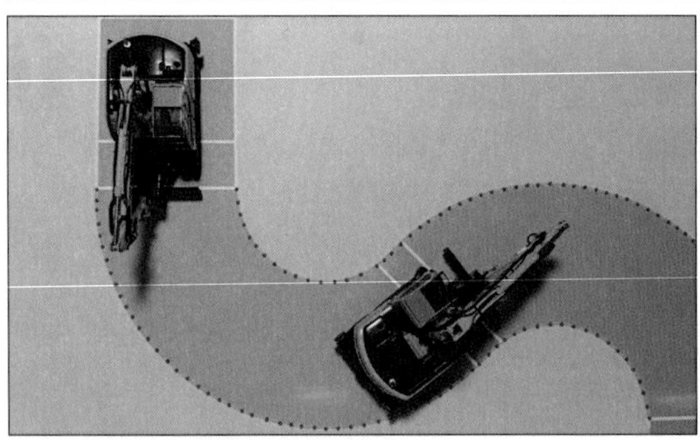

- 핸들을 서서히 좌측(반시계)방향으로 감으면서 좌측 차선과는 1.2m 간격을 유지한다.
- 정지선(변곡점)에서 정차한다.

- 정차 기준은 좌측 앞바퀴이다.
- 정지선에서 좌측 차선과 1.2m 이격을 유지한다.
- 핸들은 좌측(반시계)방향으로 다 감긴 상태이다.

- 정지선 이후에는 우로 굽은 차로를 주행한다.
- 정지선 이후에는 좌측으로 감긴 핸들을 우측으로 천천히 풀면서 주행한다.

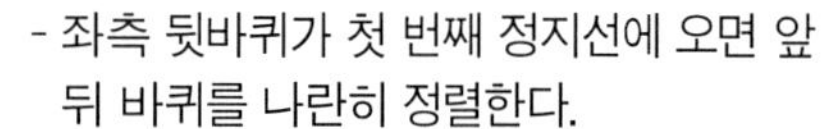

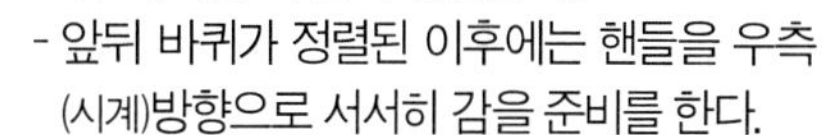

- 좌측 뒷바퀴가 첫 번째 정지선에 오면 앞뒤 바퀴를 나란히 정렬한다.
- 앞뒤 바퀴가 정렬된 이후에는 핸들을 우측(시계)방향으로 서서히 감을 준비를 한다.

- 앞뒤 바퀴가 나란한 상태에서 도착선까지 우측(시계)방향으로 서서히 감는다.

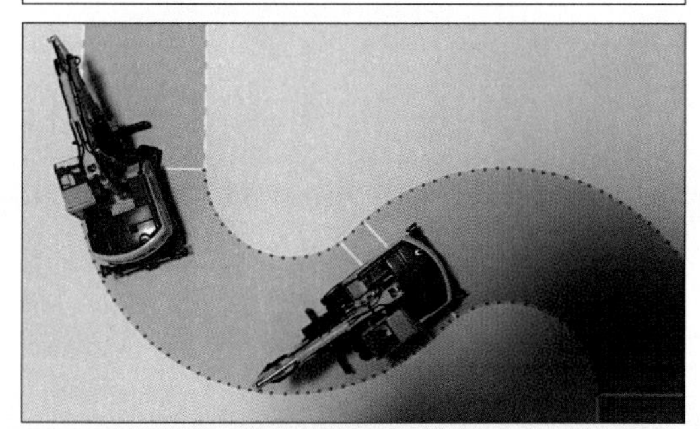

- 정지선에서 도착선까지 핸들을 우측(시계)방향으로 서서히 감으면서,
- 도착선에 근접해서 좌측 앞바퀴와 좌측 차선이 50㎝ 이격되게 한다.

※ ± 10㎝ 여유(오차) 있음.

- 도착선에 앞바퀴가 도착하면 핸들이 우측(시계)방향으로 다 감긴 상태이다.
- 도착선에 근접해서 좌측 앞바퀴와 좌측 차선이 50㎝ 이격되게 한다.

※ ± 10㎝ 여유(오차) 있음.

- 다 감긴 핸들을 그대로 유지하면서 뒷바퀴가 도착선을 통과한다.

10. 도착선 후진통과

중요도			대분류	소분류 작업단계		난이도		
상	**중**	하	S 코스 후진	10. 도착선 후진통과		**상**	중	하
누계 주행 시간 + 이전 총 소요 시간 + 현 소요 시간				45초 + 6초 + 3초	권장 누계 시간	54초		

☞ **뒷바퀴 모두가 도착선을 통과했는지 한 번 더 확인한 후 후진주행한다.**

■ 후진주행의 첫 단계는 뒷바퀴 모두가 도착선을 통과하여 정차한 후에 다시 후진으로 도착선을 통과하는 것이다.

- 뒷바퀴 중 하나라도 도착선 차선에 물린 상태에서 정차하여 후진주행을 하면 실격될 수 있다. 이때 전진주행으로 도착선을 넘어간 앞바퀴가 후진주행으로 도착선을 다시 넘어오면 실격될 수 있다.

■ 도착선을 후진통과하기 전에 체결한 브레이크를 반드시 해제한다.

- 긴장하거나 시간에 쫓겨서 브레이크를 해제하지 않고 후진주행을 하면 조작미숙, 안전위험 등의 사유로 실격될 수 있다.

■ 도착선 후진통과 상태는 후진주행 전체에 영향을 미친다.

- 전진주행은 전진이기 때문에 연습한 경로를 약간 벗어나도 당황하지 않고 쉽게 수정이 가능하다.
- 반면에, 후진주행은 연습한 경로를 약간만 벗어나도 경로 수정에 어려움이 있어서 당황하고 시간에 쫓겨서 실수하게 된다.

■ 여건에 따라 다를 수 있지만, 일반적으로 도착선 후진통과는 특별한 사정이 없는 한 우측(시계)방향으로 감겨져 있는 핸들을 그대로 유지하면서 후진한다(개인마다 다를 수 있음).

착안 사항

- **▣ 뒷바퀴 모두 도착선 통과를 확인한 후에 후진통과한다.**
- **▣ 체결한 브레이크는 반드시 해제하고 후진주행한다.**
- **▣ 연습한 경로로 긴장하지 말고 아주 천천히 후진한다.**

11. 정지선 후진통과

중요도			대분류	소분류 작업단계		난이도		
상	중	하	S 코스 후진	11. 정지선 후진통과		상	중	하
누계 주행 시간 + 이전 총 소요 시간 + 현 소요 시간				68초 + 9초 + 0초	권장 누계 시간	77초		

☞ **정지선을 후진으로 계획대로 적절히 통과했다면 거의 마무리만 남았다.**

■ 도착선에서 정지선까지의 후진주행은 합격의 당락을 결정하는 구간이다(등산에 비유하자면 숨넘어가는 깔딱 고개이다).

- 우측(시계)방향으로 감겨져 있던 핸들을 유지하거나 좌측(반시계)방향으로 서서히 풀면서 도착선에서 정지선까지 후진주행한다.
- 차선과의 간격을 적절히 조절하면서 서행으로 후진주행한다.

■ 일반적으로 정지선에 가까워질수록 감겨져 있는 핸들을 풀어서 정지선이 보이는 어느 지점에서 바퀴가 나란히 되도록 정렬한다.

- 정지선에서 주행하는 곡선의 방향이 반대로 변경되기 때문에 반드시 어느 지점에서는 바퀴가 나란히 정렬된다.

■ 후진주행에서는 전진주행과 다르게 정지선에 정차하지 않아도 된다.

- 정차하지 않아도 되지만, 대부분 핸들 조작을 위해서 정지선 부근에서 정지하는 경우가 많다.
- 많은 연습으로 가능하다면 정지선 부근에서 정지해서 핸들을 조작하기보다는 자연스럽게 서행하면서 조작하는 것을 권한다.
- 정지하는 경우에 브레이크를 밟을 필요는 없으며 정지선은 라인터치에 해당하지 않는다.

■ 가장 많이 실수하는 것이 정지선 부근에서 평소에 연습했던 경로를 벗어나서 다시 전진했다가 다시 후진하는 것이다.

- 우로 굽었다가 좌로 굽는 곡선이 만나는 지점이 정지선이기 때문에 주행경로를 수정할 여유가 많지 않다.
- 굴삭기의 폭이 d라면 차로 폭은 1.8×d이기 때문에 여유가 많이 없다(코스 차로 폭 4.5m, 굴삭기 차폭 2.5이므로 여유는 2.0m이다).

- 경로수정을 하면서 가장 많이 하는 실수가 라인 터치이다.
- 후진하면서 좌측 뒷바퀴와 우측 앞바퀴의 라인 터치를 조심해야 한다.

■ 우로 굽은 곡선을 후진주행하여 정지선을 통과했고, 이제는 좌로 굽은 곡선을 후진주행하면서 종료선까지 주행할 준비를 해야 한다.

- 좌로 굽은 곡선 주행을 위해서는 핸들을 서서히 좌측(시계)방향으로 감을 준비를 한다.

■ 정지선 후진통과 전경

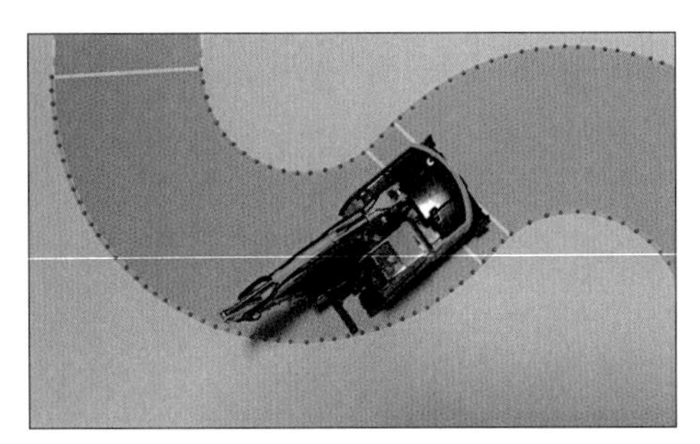

[앞뒤 바퀴 나란히 정렬]

[앞뒤 바퀴 나란히 정렬]

[좌측 뒷바퀴]

[좌우측 뒷바퀴]

착안 사항

▣ 합격의 당락이 결정될 수 있는 중요한 구간이다.
▣ 정지선 부근에서 앞뒤 바퀴를 나란히 정렬해서 통과한다.
▣ 경로를 수정할 경우에는 바퀴 라인터치를 조심해야 한다.

12. 후진주행

<table>
<tr><th colspan="3">중요도</th><th>대분류</th><th colspan="2">소분류 작업단계</th><th colspan="3">난이도</th></tr>
<tr><td>상</td><td>중</td><td>하</td><td>S 코스 후진</td><td colspan="2">12. 후진주행</td><td>상</td><td>중</td><td>하</td></tr>
<tr><td colspan="4">누계 주행 시간 + 이전 총 소요 시간 + 현 소요 시간</td><td>90초 + 9초 + 0초</td><td>권장 누계 시간</td><td colspan="3">99초</td></tr>
</table>

☞ **코스에서 실격하는 경우는 대부분 후진주행에서 발생한다.**

■ 후진주행은 전진주행을 역순으로 주행하는 것이다.

- 전진: 좌로 굽은(반시계방향) 차로→우로 굽은(시계방향) 차로
- 후진: 우로 굽은(반시계방향) 차로→좌로 굽은(시계방향) 차로
- 반대방향으로 연결된 2개의 곡선 차로를 주행하는 것이며,
- 도착선에서 출발했던 종료선으로 돌아오는 것이다.

■ 후진주행을 위한 S 코스 전경

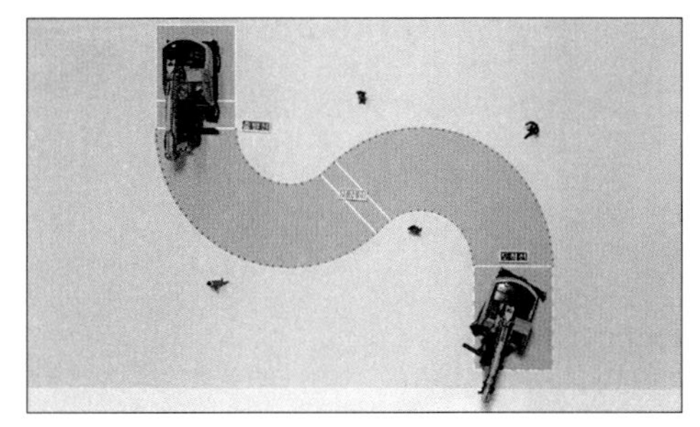

[후진주행 상공]

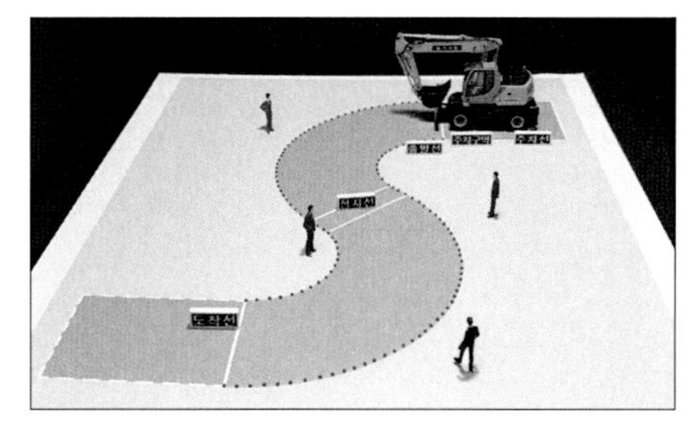

[도착선에서 종료선 측면]

■ 후진주행에서 실수하거나 실격하는 경우가 많으니 주의해야 한다.

- 가장 흔한 실수는 라인터치이다.
- 앞바퀴보다는 뒷바퀴 라인터치가 많은 편이다.

■ 연습한 경로를 벗어나서 경로수정을 할 경우에는 시간초과를 조심한다.

- 경로수정을 위하여 전진과 후진을 반복하다 보면 경로가 생각한 대로 수정되지 않고 더 벗어날 수 있다.

- 경로수정을 할 때는 제대로 한 번에 해야 한다. 여러 번 반복하다 보면 실수가 실수를 부른다.
- 후진하다가 경로수정을 위해 전진하는 경우에는 짧게 하지 말고 최소 2m 이상 길게 전진해서 다시 후진하기를 권한다.

■ 후진주행을 위해서는 후방을 봐야 하는데, 이때는 고개를 내밀거나 굴삭기에 부착된 백미러(Back Mirror)를 이용해야 한다.

- 백미러보다는 고개를 내밀어서 눈으로 확인하기를 권한다.

■ 후진주행에서는 좌측 뒷바퀴를 기준으로 해서 주행하기를 권한다.

- 전진주행은 운전석에서 눈으로 앞바퀴 양쪽을 어느 정도 볼 수 있고 바퀴 상태를 느낌으로 가늠할 수 있다.
- 후진주행 시에는 우측 뒷바퀴 상태를 눈으로 확인하기가 곤란하기 때문에 좌측 뒷바퀴를 기준으로 주행하고 다른 바퀴는 고려하지 않을 수 있도록 평소에 연습한다.

■ 후진주행은 전진주행과 핸들조작이 상당히 다르다.

- 전진주행은 차로 좌측 차선을 따라서 일정간격을 유지하면서 반시계방향으로 핸들을 감았다가 풀면서 시계방향으로 감으면 된다.
- 후진주행 시 전전주행의 궤적을 똑같이 주행하는 것은 불가능하며 그렇게 할 이유도 없다.
- 후진주행은 시계방향으로 감긴 핸들을 유지하다가 서서히 풀면서 어느 지점에서 앞뒤 바퀴를 나란히 정렬하고 직선으로 후진하다가 어느 지점에서 시계방향으로 핸들을 감으면서 곡선구간을 빠져나온다.
- 곡선구간을 빠져나오면 주차를 생각해서 앞뒤 바퀴를 나란히 정렬하면서 후진한다.
- 종료선을 통과한 이후에는 주차상태를 수정하기가 쉽지 않다.

착안 사항

▣ 실격될 수 있는 라인터치와 시간초과를 대비한다.

▣ 경로수정은 제대로 한 번에 끝내야 한다.

▣ 종료선 도착 전에 주차를 감안해서 핸들조작을 한다.

13. 종료선 후진통과

중요도			대분류	소분류 작업단계		난이도		
상	중	하	S 코스 후진	13. 종료선 후진통과		상	중	하
누계 주행 시간 + 이전 총 소요 시간 + 현 소요 시간				90초 + 9초 + 0초	권장 누계 시간	99초		

☞ **이제 주차만 남았다. 주차상태는 종료선 통과에서 결정된다.**

■ 종료선을 넘어서 통과해야 한다.

- 통과의 기준은 굴삭기 앞바퀴이다.
- 애매하게 종료선에 걸치지 말고 확실하게 양쪽 앞바퀴가 넘어서야 한다.
- 앞바퀴가 주차구역을 벗어나지 않아야 한다.

[앞바퀴 통과]

[상부]

■ 주차 상태를 감안해서 종료선을 통과해야 한다.

- 굴삭기가 한쪽으로 치우치지 않고 좌우로 균형 있게 주차될 수 있도록 종료선을 후진통과한다.
- 종료선 통과를 위해서는 보통은 감았던 핸들을 풀면서 후진한다.
- 좌측 뒷바퀴와 좌측 차선과의 간격을 일정하게 유지하면서 좌측 뒷바퀴가 종료선에 물리면 마지막으로 간격을 확인하고 조정한 뒤에 앞뒤 바퀴를 정렬해서 앞바퀴가 종료선을 통과한다.

착안 사항

- **▣ 종료선에 애매하게 걸치지 말고 확실하게 넘어선다.**
- **▣ 굴삭기 앞바퀴가 주차구역을 벗어나지 않도록 한다.**
- **▣ 좌우로 균형 있는 주차를 감안해서 종료선을 후진통과한다.**

14. 주차구역

중요도			대분류	소분류 작업단계		난이도		
상	중	하	종료선 도착	14. 주차구역		상	중	하
누계 주행 시간 + 이전 총 소요 시간 + 현 소요 시간				90초 + 9초 + 0초	권장 누계 시간	99초		

■ 주차는 반드시 주차구역에 해야 한다.

- 주차구역 주차의 기준은 앞바퀴가 주차구역에 있어야 한다.
- 종료선을 물지 말고 확실히 넘어서서 주차구역 안에 있어야 한다.
- 주차구역은 종료선(또는 출발선)과 주차구역선 사이의 구간이다.
- 주차구역의 폭은 150㎝이다(정지선은 110㎝).

■ 주차구역선, 주차구역, 주차선은 라인터치 실격이 아니다.

■ 주차구역선, 주차구역, 주차선을 반드시 구별할 수 있어야 한다.

- 주차구역선은 종료선에서 후방으로 150㎝ 떨어져 측면의 주차선과 직각방향으로 설치된 구역선이다.
- 주차구역은 선과 선 사이, 종료선과 주차구역선 사이의 구간이다.
- 주차선은 종료선을 한 변으로 하면서 직사각형을 이루는 선이다.

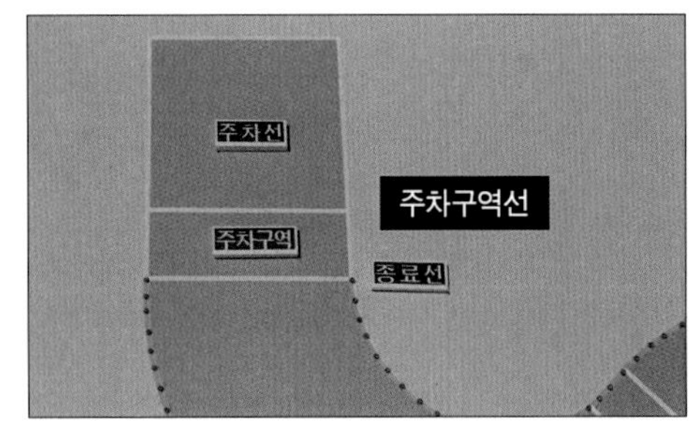

[주차구역선, 주차구역, 주차선]

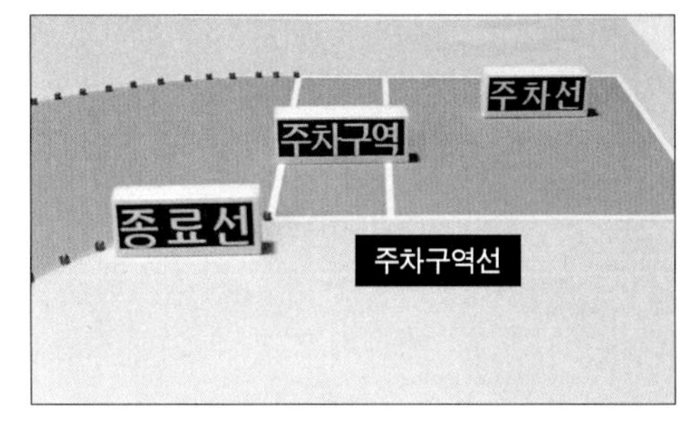

[주차구역선, 주차구역, 주차선]

착안 사항

- ▣ **주차구역 안에 반드시 앞바퀴를 주차해야 한다.**
- ▣ **주차구역의 폭은 150㎝이고, 라인터치 대상이 아니다.**
- ▣ **주차구역선, 주차구역, 주차선을 구별할 수 있어야 한다.**

15. 주차선

중요도			대분류	소분류 작업단계		난이도		
상	중	하	종료선 도착	15. 주차선		상	중	하
누계 주행 시간 + 이전 총 소요 시간 + 현 소요 시간				90초 + 9초 + 0초	권장 누계 시간	99초		

☞ **이제 라인터치 실격은 걱정없고 시간초과만 하지 않으면 된다.**

■ 주차선은 종료선을 한 변으로 하면서 직사각형을 이루는 차선이다.

- 주차선은 라인터치로 인한 실격의 대상은 아니다.
- 주차선은 종료선(출발선), 주차구역선과 직각으로 만난다.

■ 주차선 직사각형의 규격

- 주차선 폭은 차로 폭(D)과 동일하게 굴삭기 폭(d) × 1.8 = 4.5m이다.
- 주차선 길이(P)는 굴삭기 축간거리(E) × 2.0 = 5.6m이다.
- 축간거리는 굴삭기 앞바퀴 중심과 뒷바퀴 중심 간의 거리이다(타이어 중심 간의 거리이며, 타이어 끝에서 끝이 아니다).
- 앞바퀴 전방으로는 암, 붐, 버킷 등이 돌출되어 있고,
- 뒷바퀴 후방으로는 차체(본체)가 돌출되어 있어서 주차선 길이는 실제보다 짧아 보일 수 있다.

■ 반드시 주차구역에 굴삭기 앞바퀴를 주차해야 하므로 제대로 주차했다면 자연스럽게 뒷바퀴는 주차선에 둘러싸인 직사각형 구역에 들어가게 된다.

- 주차선 라인터치를 해도 실격은 아니지만, 하지 말기를 권한다.
- 앞뒤와 좌우로 적절하게 주차하였다면 주차선을 터치할 수 없다.

착안 사항

- **▣ 앞바퀴는 주차구역에, 뒷바퀴는 주차선 안에 주차한다.**
- **▣ 주차선의 길이는 5.6m이며, 라인터치의 대상이 아니다.**
- **▣ 주차선은 밟아도 되지만, 적절한 주차를 위해서는 밟지 말고 주차해야 한다.**

16. 주차

중요도			대분류	소분류 작업단계		난이도		
상	중	하	종료선 도착	16. 주차		상	중	하
누계 주행 시간 + 이전 총 소요 시간 + 현 소요 시간				90초 + 9초 + 5초	권장 누계 시간		104초	

☞ **끝까지 집중해야 한다. 주차를 제대로 해야 한다.**

■ 주차는 앞바퀴, 뒷바퀴 모두 제대로 해야 한다.

- 일반적으로 주차를 중요하게 여기지 않고 큰 관심 없이 대충 주차하는 경우가 많다.
- 앞바퀴는 주차구역 안에 있어야 하고,
- 뒷바퀴는 주차선 안에 있어야 한다.

■ 좌우 측면의 주차선에 적절하게 이격해서 반듯하게 주차한다.

- 직사각형 좌우 주차선의 가운데에 최대한 굴삭기의 중심이 맞을 수 있도록 주차한다. 즉, 좌우로 균형 있게 주차한다.
- 앞뒤 바퀴가 정면에서 보면 가지런하게 보이도록 주차한다.

■ 코스주행을 완료한 이후에 진행요원이 굴삭기의 위치를 조정한다면 제대로 된 주차가 아닌 것으로 추측할 수 있다.

- 후발 응시생이 장비 위치 수정을 요구하는 경우에도 주차가 제대로 되지 않았다고 판단할 수 있다.

■ 적절한 주차의 성공과 실패는 종료선을 통과할 때 이미 결정된다고 할 수 있다.

- 대부분의 응시생은 종료선 통과 상태 그대로 후진해서 주차하는 경우가 대부분이다.
- 주차를 완료하기 전에 수정할 수 있다. 다시 전진해서 주차를 재시도한다.
- 주차 위치를 수정할 경우에는 한 번에 하는 것이 바람직하고 우측 앞바퀴 라인터치와 시간초과를 조심해야 한다.
- 시간초과가 우려되는 경우에는 수정 없이 그대로 주차하기를 권한다.

■ 주차구역, 주차구역선, 주차선 상세분석

- 차로 폭(D) = 1.8 × 차폭(2.5m) = 4.5m
- 주차구역 = 1.5m[출발선(종료선)과 주차구역선 사이의 폭]
- 주차선 길이(P) = 2 × 축간거리(2.8) = 5.6m

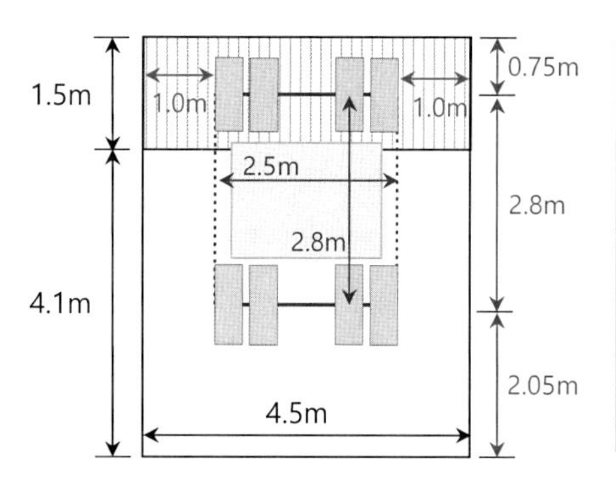

- 앞바퀴는 주차구역에 주차
- 앞뒤와 좌우 간격을 맞춰서 가운데에 주차
- 차폭 2.5m에 좌우 여유 1.0m
- 뒷바퀴는 2.05m 여유

■ 주차 전경

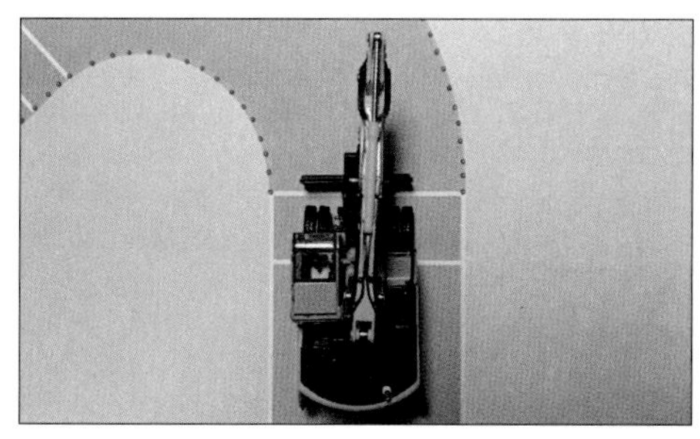

[적절한 주차]

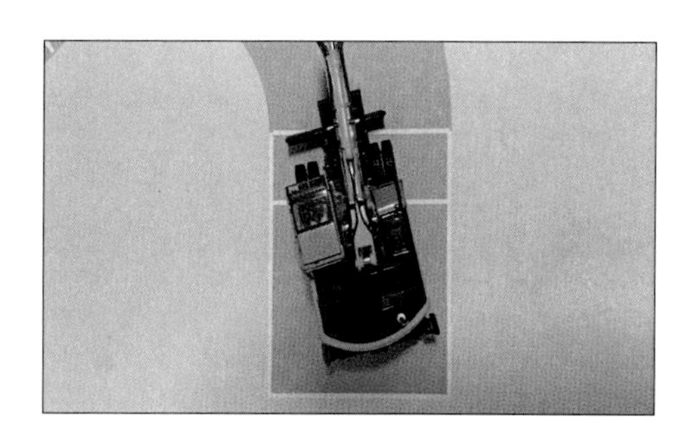

[삐딱한 주차]

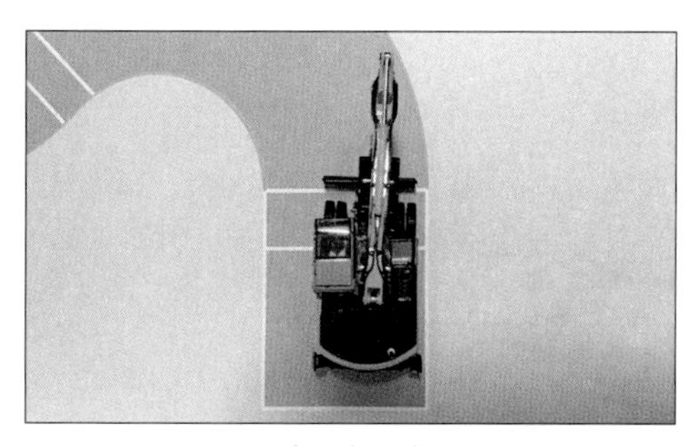

[치우친 주차]

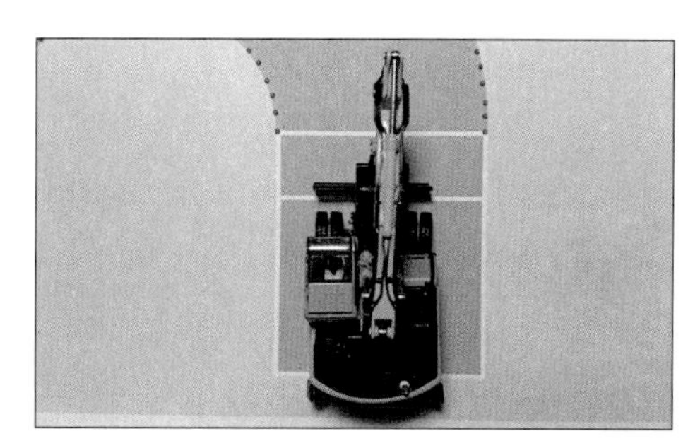

[벗어난 주차]

■ 주차를 완료하였다면 서둘지 말고 마무리를 준비한다.

- 코스를 통과했다는 안도감에 젖어서 실수하지 말아야 한다.
- 크게 심호흡을 한 번 하고 마무리 사항들을 생각해 본다.

쉬어가기 ◈ 고속도로 교량설치를 위한 가시설 설치작업에 투입된 굴삭기

착안 사항

- ▣ 주차구역 가운데에 앞뒤 바퀴를 가지런히 주차한다.
- ▣ 전진, 후진으로 주차 위치를 수정할 수 있다.
- ▣ 수정 시에는 시간초과와 라인터치를 조심한다.
- ▣ 주차구역, 주차구역선, 주차선에 대한 수치적 이해가 필요하다.

저자가 익힌 후진주행 공식 및 요령

(참고용이며 굴삭기 제원에 따라서 달라질 수 있다)

- 후진주행은 좌측 뒷바퀴를 기준으로 한다.
- 도착선 정차 후에 핸들을 그대로 유지하면서 후진한다.

- 우로 굽은 차로를 먼저 주행한다.
- 도착선에서 앞바퀴가 차선에서 50㎝ 간격을 유지하면서 후진한다.

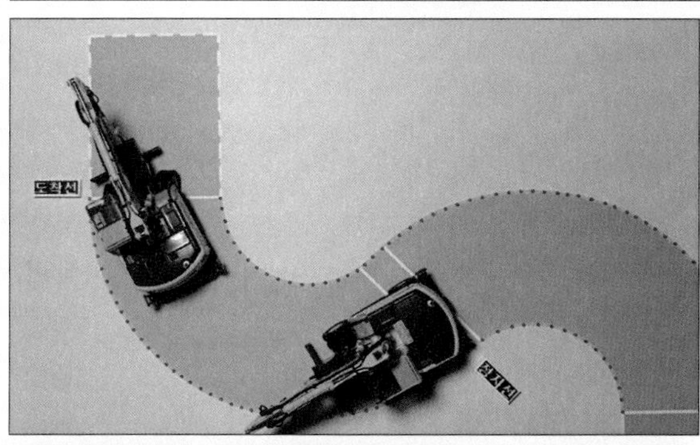

- 도착선에서 정지선까지는 우측으로 다 감긴 핸들을 서서히 푼다.
- 좌측 뒷바퀴가 정지선 근처에 오면 바퀴를 나란히 한다.

- 좌측 뒷바퀴와 차선과의 거리는 50㎝.
- 정지선 이후에는 좌로 굽은 차로를 주행한다.
- 좌측(시계)방향으로 핸들을 서서히 감는다.

- 정지선 이후에는 핸들을 시계방향으로 서서히 다 감는다.
- 좌측 뒷바퀴와 차선과의 최소거리는 30㎝로 차로를 돈다.

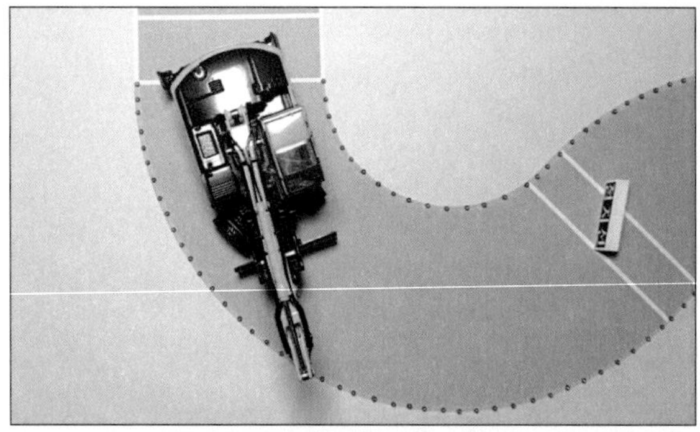

- 최소거리 이후에는 핸들을 풀어서 좌측 뒷바퀴가 차선과의 거리가 1.0m가 되도록 한다.

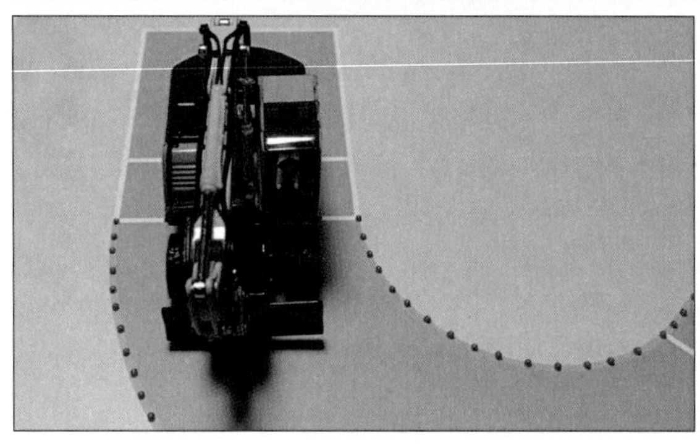

- 뒷바퀴가 주차구역을 통과할 때는 앞뒤 바퀴를 나란히 정렬한다.
- 정렬된 상태로 그대로 후진한다.

쉬어가기 ◈ 멀리 보이는 포항제철(저기도 굴삭기가 많을 것 같은데…. 하하하)

17. 기어, 브레이크, 안전벨트

중요도			대분류	소분류 작업단계		난이도		
상	중	하	마무리	17. 기어, 브레이크, 안전벨트		상	중	하
누계 주행 시간 + 이전 총 소요 시간 + 현 소요 시간				90초 + 14초 + 3초	권장 누계 시간	107초		

☞ **이제 끝났다고 보면 된다. 굴삭기 굴착작업에 응시할 수 있다.**

■ 서둘지 말고 평소 연습한 대로 마무리한다.

- 기어를 조작해서 중립으로 한다. 기어레버를 들어서 조작하며 앞으로 밀면 전진이고 뒤로 당기면 후진이다.
- 브레이크를 밟아서 체결한다. 체결하면 고정장치가 튀어나온다.
- 안전벨트를 풀고 내릴 준비를 한다.

■ 기어, 브레이크, 안전벨트 조작 전경

[기어 중립]

[기어 중립]

[브레이크 미체결]

[브레이크 체결]

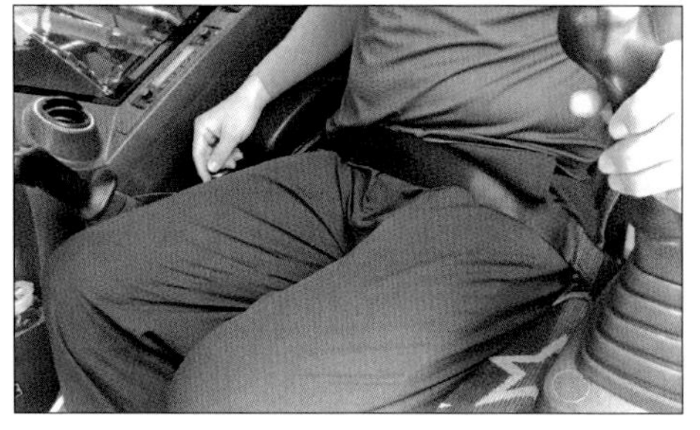

[안전벨트 착용]

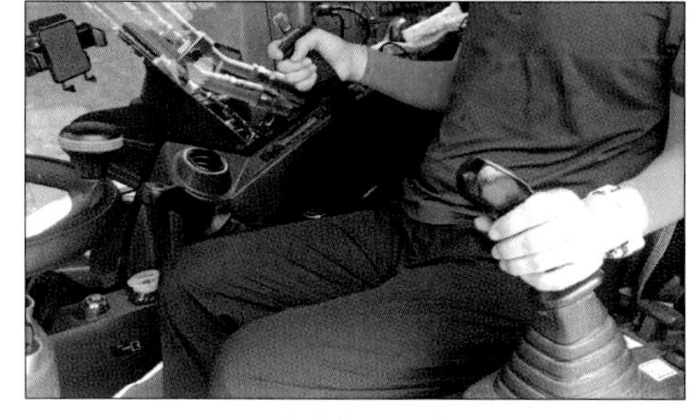

[안전벨트 풀기]

■ 기어가 중립이 아닌 전진, 후진 상태에서 마무리하면 절대로 안 된다.

- 기어가 중립이 아니고 걸린 상태에서 브레이크를 체결하지 않았다면 장비가 움직일 수도 있다.
- 일반적으로 시험장은 경사가 거의 없는 편평한 평면이지만, 여건에 따라 약간의 경사가 있다면 장비가 움직일 가능성이 있다.
- 하차 상태에서 장비가 움직였다면 조작미숙, 안전우려 등으로 실격될 수 있다.

■ 후진기어에서는 "삐삐" 경고음이 발생하지만, 긴장해서 듣지 못하거나 시험장의 여건에 따라 소리를 줄여서 듣지 못하는 경우가 있다.

■ 주차와 정차는 장비가 움직이지 못하게 안전하게 정지하는 것이기 때문에 반드시 브레이크를 체결한다.

착안사항

▣ 기어를 중립으로 한다. 중립이 아니면 움직일 수 있다.

▣ 장비가 움직이지 못하게 브레이크를 체결한다.

▣ 마지막으로 안전벨트를 푼다.

18. 정리 및 하차

중요도			대분류	소분류 작업단계		난이도		
상	중	하	마무리	18. 정리 및 하차		상	중	하
누계 주행 시간 + 이전 총 소요 시간 + 현 소요 시간				90초 + 17초 + 3초	권장 누계 시간	110초		

■ 하차 전에 마지막으로 정리하고 작업을 완료한다.
- 다시 한번 기어, 브레이크, 안전벨트를 확인한다.

■ 수험생 본인도 모르게 조작된 레버 등이 있는지 확인한다.
- 방향 지시등이 깜빡이고 있는지 여부
- 작업등이 켜져 있는지 여부
- 엔진출력 RPM 조작 여부
- 안전레버 조작 여부

■ 서둘지 말고 천천히 안전하게 장비에서 하차한다.
- 코스완료라는 사실에 들떠서 앞으로 뛰어내리면 매우 위험하다.
- 시험장에 준비된 장비에 따라서 다를 수 있는데 수험생 승하차를 위해서 발판을 설치한 경우도 있다. 하차할 때는 꼭 안전난간을 잡고 뒤돌아서 내려와야 한다.

■ 속담에 "웃는 얼굴에 침 못 뱉는다."라는 말이 있다.
- 하차 후에 감독위원에게 눈짓으로 나누는 목례를 하는 아량을 베푸는 것도 좋을 것이다.

■ 하차 후에 다시 승차하는 것은 거의 불가능하다. 신중하게 결정한다.

착안 사항

▣ 하차 전에 마지막으로 확인하고 정리한다.
▣ 서둘지 말고 안전하게 천천히 하차한다.
▣ 하자 후에는 다시 승차하는 것은 거의 불가능하다.

5. 요약정리

01. 시험시작 전 준비

중요도			대분류	소분류 작업단계	난이도		
상	중	하	준비 및 출발	01. 시험시작 전 준비	상	중	하

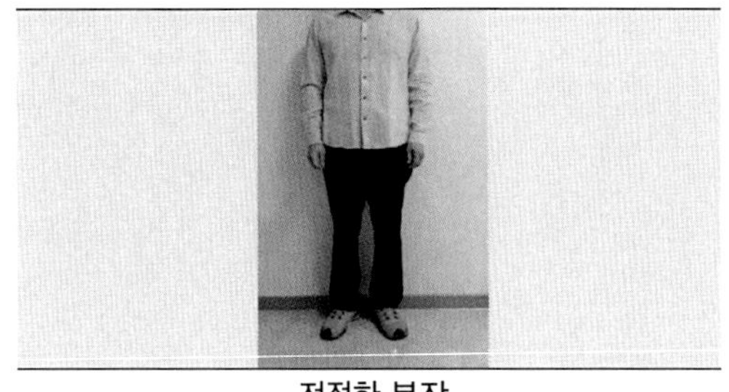
적절한 복장

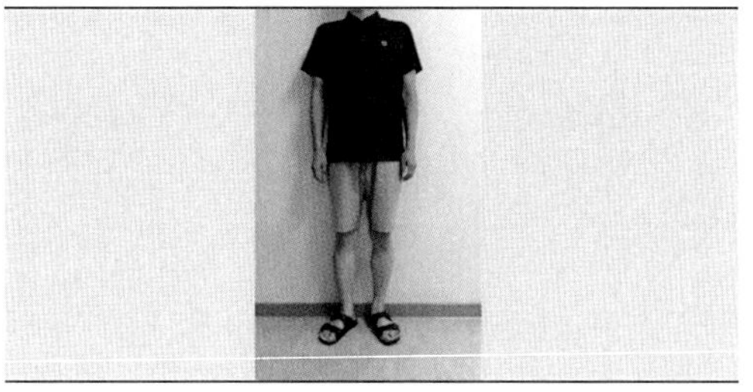
부적절한 복장

▸▸▸ 규정된 복장을 착용한다.
- 상의는 긴 소매, 하의는 긴 바지, 신발은 운동화를 착용한다.

▸▸▸ 시험장을 둘러보고 다른 수험생을 모니터링한다.
- 코스운전 시험장과 준비된 굴삭기 기종 등을 살펴본다.

02. 탑승 전 준비

중요도			대분류	소분류 작업단계	난이도		
상	중	하	준비 및 출발	02. 탑승 전 준비	상	중	하

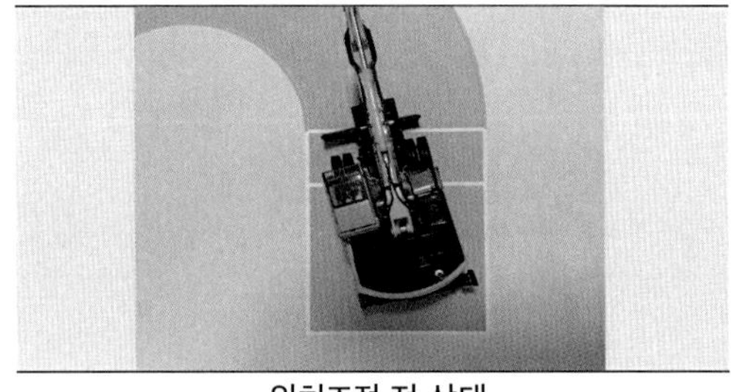
위치조정 전 상태

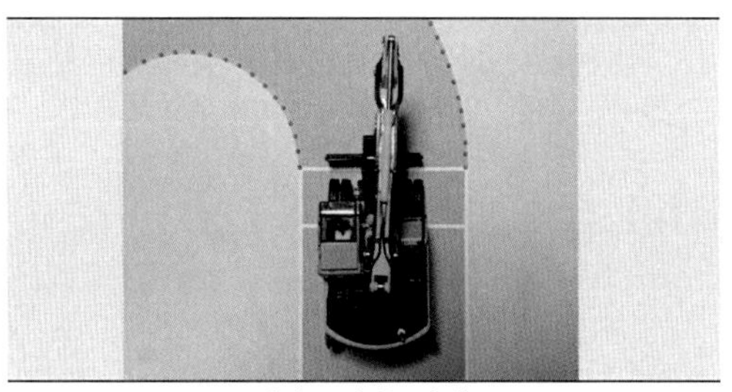
위치조정 후 상태

▸▸▸ 대기실에서 설명, 시험장에서 설명과 시범에서 궁금한 것은 질의한다.

▸▸▸ 시험장에서 대기실로 다시 이동했다면 가상주행, 시뮬레이션을 한다.

▸▸▸ 가장 중요한 장비 위치를 확인하고 필요시 위치조정을 요구한다.

03. 탑승 후 준비

중요도			대분류	소분류 작업단계	난이도		
상	중	**하**	준비 및 출발	03. 탑승 후 준비	상	**중**	하

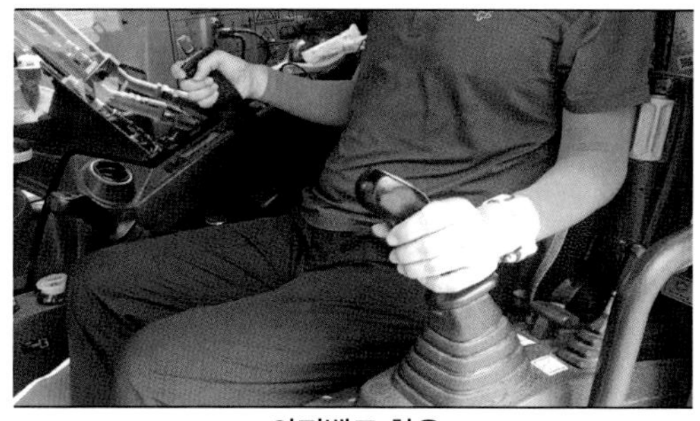
안전벨트 착용

조정박스, 안전레버 미조작

▸▸▸ 천천히 탑승해서 안전벨트를 착용하고, 운전대와 운전석을 조정한다.

- 브레이크 체결 여부를 확인하고 미체결 시 체결한다.

▸▸▸ 코스운전과 상관없는 RPM, 조정박스, 안전레버는 조작하지 않는다.

▸▸▸ 전진, 후진, 정차, 주차 이외의 기능은 조작하지 않는다.

04. 출발 의사표시

중요도			대분류	소분류 작업단계	난이도		
상	**중**	하	준비 및 출발	04. 출발 의사표시	상	중	**하**

안전레버 잠금한 적절한 의사표시

안전레버 풀림한 부적절 의사표시

▸▸▸ 출발준비가 되면 감독위원에게 출발 의사표시를 한다.

- 감독위원과 눈을 마주치면서 손을 들어서 의사표시를 한다.

▸▸▸ 출발 의사표시를 하지 않고 출발하면 다시 출발할 수도 있다.

- 감독위원이 시간 측정을 못했을 수도 있기 때문이다.

05. 코스 출발

중요도			대분류	소분류 작업단계	난이도		
상	중	하	준비 및 출발	05. 코스 출발	상	중	하

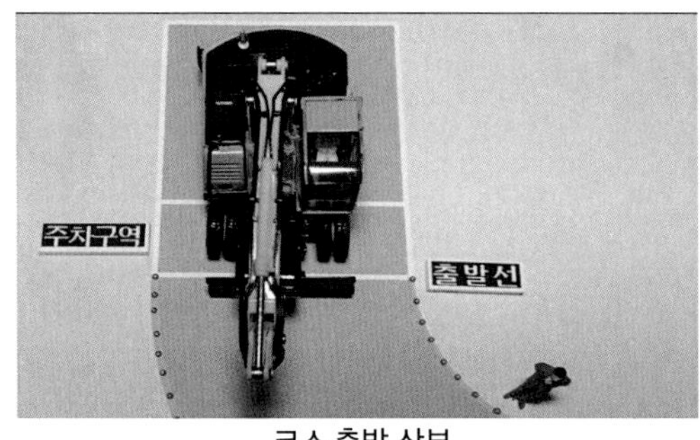

코스 출발 상부

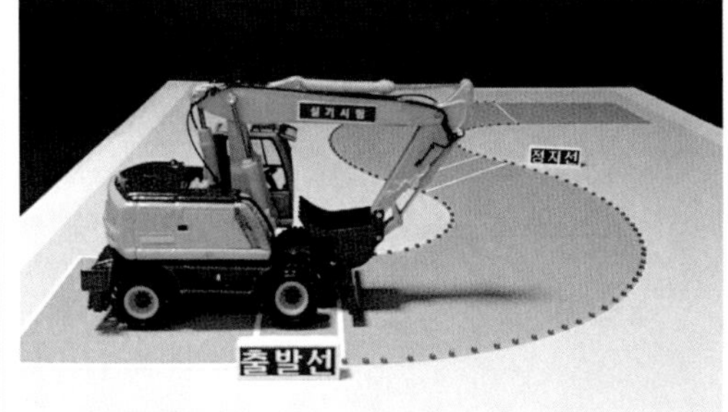

코스 출발 측면

- 감독위원 출발신호 후에 기어변속, 브레이크 해제, 가속페달로 주행한다.
- 출발신호 이후에는 감독위원 등으로부터 도움을 받을 수 없다.
- 앞바퀴가 주차구역에서 출발선을 넘어야 시험의 시작이다.
  - 반드시 1분 이내에 앞바퀴가 주차구역에서 출발선을 통과해야 한다.
  - 1분을 초과하게 되면 조작미숙, 시간초과 등으로 실격될 수 있다.

06. 출발선 통과

중요도			대분류	소분류 작업단계	난이도		
상	중	하	S 코스 전진	06. 출발선 통과	상	중	하

출발선 통과

출발선에서 정지선, 도착선

- 코스운전 제한 시간 2분이 시작되는 시점이다.
- 출발선은 반드시 브레이크가 해제된 상태에서 통과해야 한다.
- 출발선 통과 이후에 서서히 핸들을 감으면서 정지선으로 주행한다.

07. 정지선 정차

중요도			대분류	소분류 작업단계	난이도		
상	중	하	S 코스 전진	07. 정지선 정차	상	중	하

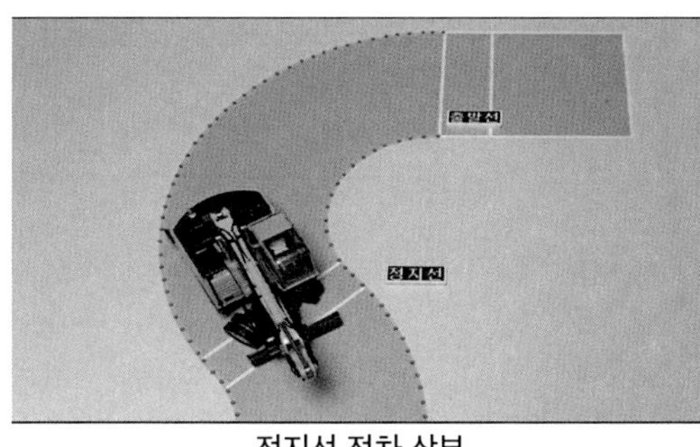

정지선 정차 상부

정지선 정차 좌측

- 정지선 정차는 선택이 아닌 필수이며 미정차 시 실격될 수 있다.
- 정지선 폭은 110㎝이며 좌측 앞바퀴를 서행으로 중간에 정차한다.
  - 정지선에 정차했을 때는 브레이크를 체결했다가 다시 해제한다.
- 정지선은 S 코스 배향곡선의 변곡점이므로 감았던 핸들을 풀면서 반대방향으로 감을 준비를 한다.

08. 전진주행

중요도			대분류	소분류 작업단계	난이도		
상	중	하	S 코스 전진	08. 전진주행	상	중	하

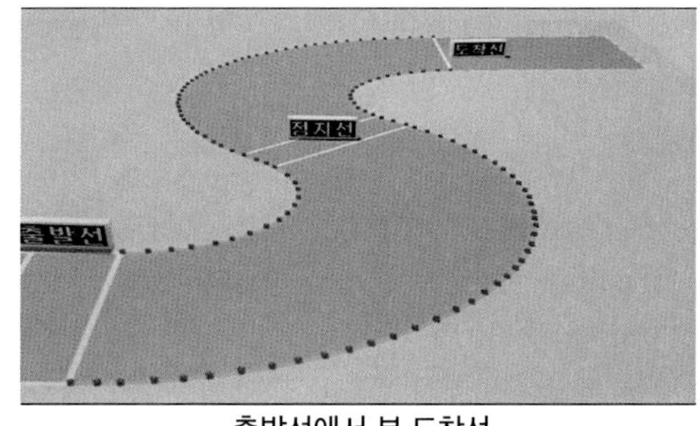

출발선에서 본 도착선

출발선에서 본 도착선

- 전진주행은 좌로 굽은 차로 다음에 우로 굽은 차로를 주행한다.
- 출발선에서 도착선까지는 25m이며, 측면의 차선을 터치하면 실격될 수 있다.
- 실수로 버킷, 암, 붐이 움직이면 실격될 수 있다.

09. 도착선 정차

중요도			대분류	소분류 작업단계	난이도		
상	중	하	S 코스 전진	09. 도착선 정차	상	중	하

도착선 앞바퀴 전진통과 직전

도착선 뒷바퀴 전진통과 직후

- 도착선 정차도 필수과정이며 뒷바퀴 모두가 도착선을 통과해야 한다.
  - 도착선을 통과하지 않고 후진주행을 하면 실격될 수 있다.
- 도착선에 정차할 때는 브레이크를 체결하고 출발 시 해제한다.
- 도착선 정차 시 앞바퀴의 위치는 지형지물을 이용하여 미리 결정한다.

10. 도착선 후진통과

중요도			대분류	소분류 작업단계	난이도		
상	중	하	S 코스 후진	10. 도착선 후진통과	상	중	하

도착선 뒷바퀴 후진통과 직전

도착선 앞바퀴 후진통과 직후

- 도착선 후진통과를 위해서는 체결된 브레이크를 해제한다.
- 후진주행의 시작이며 전진주행에 비해 어려우므로 집중한다.
  - 후진주행은 연습한 경로를 조금만 벗어나도 당황해서 실수할 수 있다.
- 보통은 우측(시계)방향으로 감긴 핸들을 그대로 유지하면서 후진한다.

11. 정지선 후진통과

중요도			대분류	소분류 작업단계	난이도		
상	중	하	S 코스 후진	11. 정지선 후진통과	상	중	하

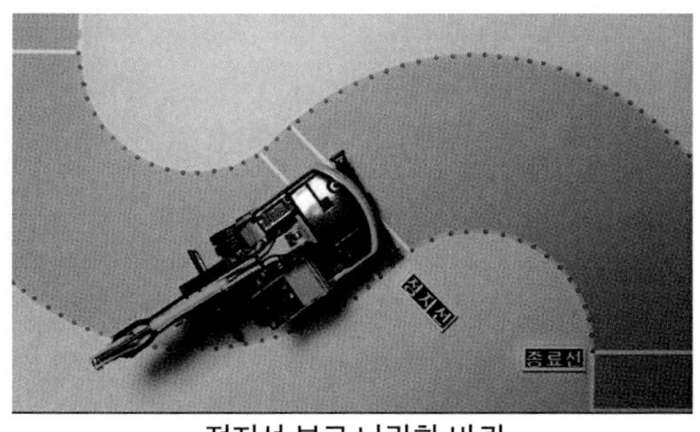

정지선 부근 나란한 바퀴

정지선 부근 나란한 바퀴

- ▸▸▸ 도착선에서 정지선 후진통과가 거의 합격의 당락을 결정한다.
- ▸▸▸ 후진으로 정지선 부근에서는 앞뒤 바퀴가 나란하게 정렬된다.
  - 배향곡선의 변곡점이며 정차하지 않아도 된다.
- ▸▸▸ 정지선 부근에서 실수가 있다면 다시 전진하여 한 번에 수정한다.

12. 후진주행

중요도			대분류	소분류 작업단계	난이도		
상	중	하	S 코스 후진	12. 후진주행	상	중	하

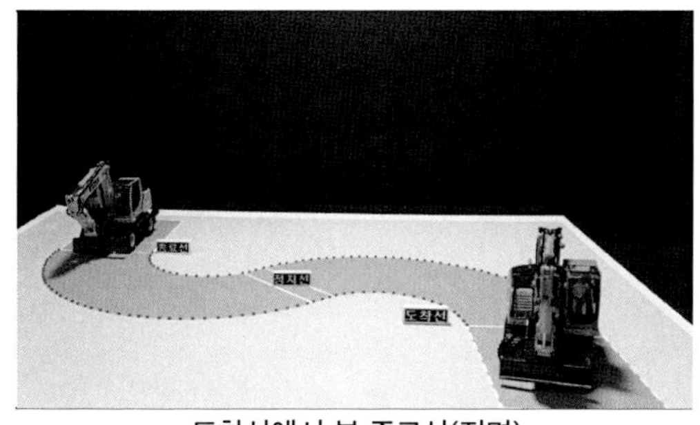

도착선에서 본 종료선(정면)

도착선에서 본 종료선(측면)

- ▸▸▸ 후진주행은 우로 굽은 차로 다음에 좌로 굽은 차로를 주행한다.
- ▸▸▸ 전진주행과 달리 실수와 실격이 많다. 뒷바퀴 라인터치를 조심한다.
- ▸▸▸ 경로수정을 할 때는 제대로 한 번에 한다. 반복하면 더 어렵다.
- ▸▸▸ 종료선 도착 전에 주차를 감안해서 핸들조작을 한다.

13. 종료선 후진통과

중요도			대분류	소분류 작업단계	난이도		
상	**중**	하	S 코스 후진	13. 종료선 후진통과	**상**	중	하

종료선 통과 전

종료선 뒷바퀴 통과

- ▸▸▸ 종료선을 넘어야 하며 통과의 기준은 앞바퀴이다.
- ▸▸▸ 앞바퀴는 폭 150㎝ 주차구역을 벗어나지 않도록 한다.
- ▸▸▸ 종료선 후진통과 상태는 주차에 영향을 미치므로 좌우로 균형 있는 위치에 주차할 수 있도록 후진통과를 해야 한다.

14. 주차구역

중요도			대분류	소분류 작업단계	난이도		
상	**중**	하	종료선 도착	14. 주차구역	상	**중**	하

앞바퀴 주차구역 주차

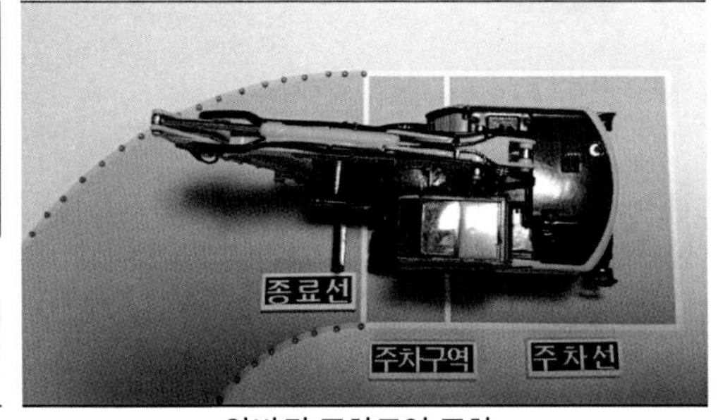

앞바퀴 주차구역 주차

- ▸▸▸ 앞바퀴는 반드시 주차구역에 주차해야 한다.
  - 후진으로 앞바퀴가 주차구역을 벗어나면 다시 전진하여 조정한다.
- ▸▸▸ 주차구역선, 주차구역, 주차선은 라인터치가 아니다.
  - 주차구역선, 주차구역, 주차선에 대한 정확한 이해가 필요하다.

15. 주차선

중요도			대분류	소분류 작업단계	난이도		
상	중	**하**	종료선 도착	15. 주차선	상	중	**하**

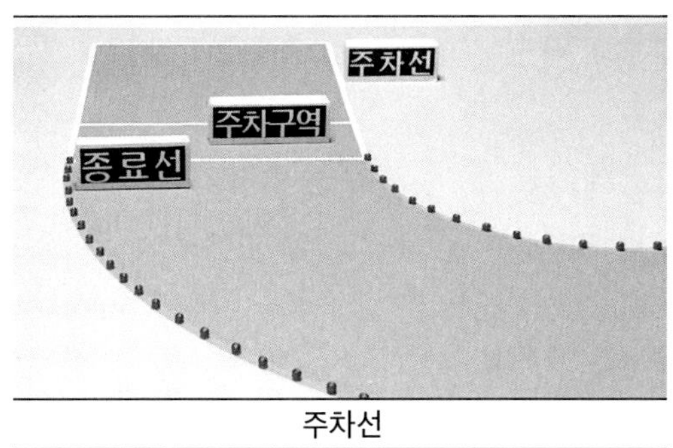

주차선

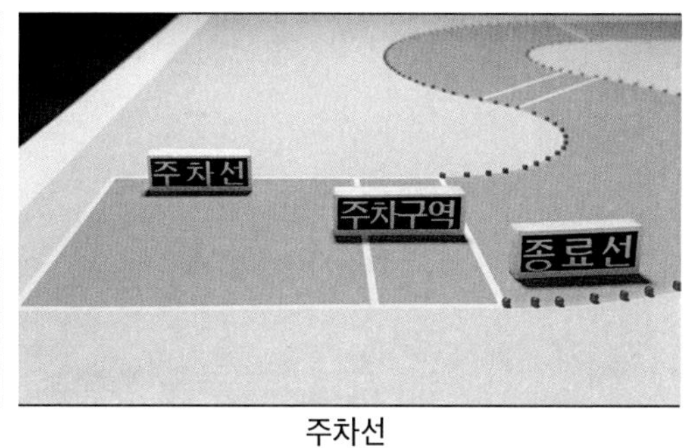

주차선

- 주차선은 종료선(출발선)을 한 변으로 하는 직사각형이다.
  - 주차선 폭은 굴삭기 폭×1.8=4.5m이고, 길이는 축간거리×2=5.6m이다.
- 앞바퀴 전방에는 버킷, 암이 돌출되어 있고 뒷바퀴 후방에는 본체가 돌출되어 있어서 실제보다 주차공간이 작아 보인다.

16. 주차

중요도			대분류	소분류 작업단계	난이도		
상	중	하	종료선 도착	16. 주차	**상**	중	하

앞바퀴 주차구역 벗어남

비딱한 주차

- 좌우 주차선과 균형 있게 반듯하게 주차한다.
  - 앞뒤 바퀴가 정면에서 보면 가지런하게 보이도록 주차한다.
- 종료선을 통과할 때 위치가 부적정하면 다시 전진해서 수정한다.
  - 한 번에 제대로 수정하고 라인터치와 시간초과를 조심한다.

17. 기어, 브레이크, 안전벨트

중요도			대분류	소분류 작업단계	난이도		
상	**중**	하	마무리	17. 기어, 브레이크, 안전벨트	상	**중**	하

기어를 중립으로

브레이크 체결

- ▸▸▸ 기어 중립, 브레이크 체결, 안전벨트 풀고 내릴 준비를 한다.
- ▸▸▸ 기어가 걸려 있거나 브레이크 미체결로 장비가 움직이게 되면 조작미숙이나 안전 위험으로 실격될 수 있다.
- ▸▸▸ 서두르지 말고 천천히 장비조작을 한다.

18. 정리 및 하차

중요도			대분류	소분류 작업단계	난이도		
상	중	**하**	마무리	18. 정리 및 하차	상	중	**하**

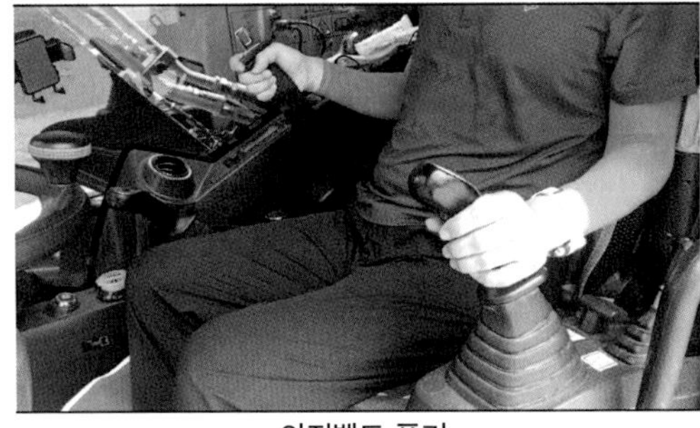

안전벨트 풀기

각종 레버 확인

- ▸▸▸ 하차 전에 마지막으로 다시 한번 기어와 브레이크를 확인한다.
- ▸▸▸ 응시생 본인도 모르게 조작된 레버가 있는지 확인한다.
- ▸▸▸ 서둘지 말고 안전하고 뒤돌아서 하차한다.
- ▸▸▸ 감독위원, 관리위원과 목례의 인사를 나눈다.

굴착작업 기본과 원칙
(5개 대분류 - 21개 작업단계)

캄차카 여행 중에

1. 시험장 제원(諸元)

[굴착작업 실사모형]

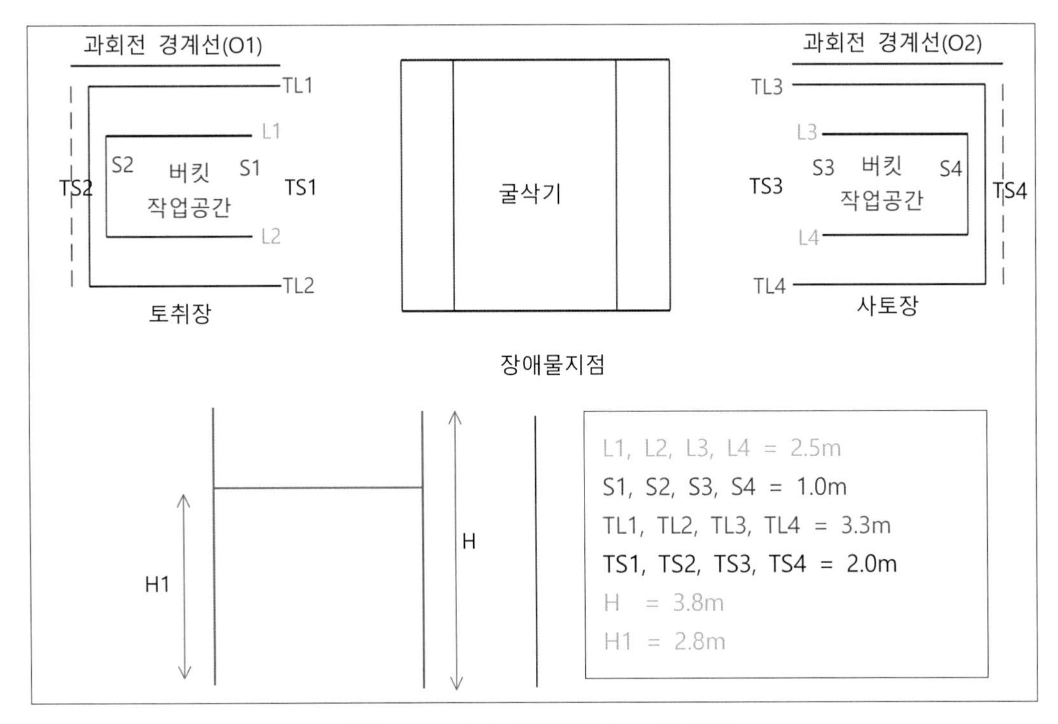

자의적(恣意的)으로 분석하여 작도(作圖)한 평면도

■ 실사모형 및 자의적 평면도 유의사항

- 자의적 평면도를 기준으로 축적 1:50(1:100)으로 실사모형을 제작.
- 자의적 평면도의 제원은 굴삭기 제조사 제원표, 인터넷 자료 등을 종합하여 최대한 평균적인 수치를 적용한다.
- 적용할 제원이 애매한 경우에는 시험에 영향이 없도록 상식적인 수준에서 수치를 적용한다.
- 굴삭기 제원이 다양하므로 저자가 제시한 도면은 가능한 여러 가지 도면 중의 하나일 뿐이다. 즉, 실제 시험장에서는 준비한 장비의 제원에 따라서 다를 수 있다.

■ 굴착작업 자의적 평면도 주요 제원

- 흙은 파는 토취장과 사토장의 규격은 동일하다.
- 버킷이 작업하는 공간으로서 직육면체이다. 평면은 직사각형이다.
- 버킷 작업공간 긴 변(L1, L2, L3, L4) = 버킷 길이(1.0m) × 2.5 = 2.5m
- 토취장 및 사토장 제한선 긴 변(TL1, TL2, TL3, TL4) = 3.3m
  : 0.3 + (버킷 길이 × 2.5) + 0.5 = 0.3 + 2.5 + 0.5 = 3.3m
- 버킷 작업공간 짧은 변(S1, S2, S3, S4) = 버킷 폭 = 1.0m
- 토취장 및 사토장 제한선 짧은 변(TS1, TS2, TS3, TS4) = 2.0m
  : 0.5 + 버킷 폭 + 0.5 = 0.5 + 1.0 + 0.5 = 2.0m
- 장애물 지점의 장대높이(H) = 장애물 상한선 = 3.8m
  : 최대한 붐을 세우고 최대한 암을 오므린 상태에서 지면에서 버킷 연결핀까지의 수직거리(굴삭기 제조사에 전화 문의)
- 장애물 하한선(H1) = 장애물 상한선(H)-1.0m = 2.8m
- 과회선 경계선(O)
  : 토취장(사토장) 긴 변의 작업 제한선에서 0.2m 이격하여 설치

참고 사항

◈ 제조사별로 굴삭기 제원이 다양하므로 하나로 통일된 표준도면은 없을 것으로 생각된다. 제원에 따라 시험장 규격이 달라질 수도 있기 때문이다.
◈ 더 자세한 사항은 한국산업인력공단 큐넷에서 공개한 설치도면을 참고하여 직접 한 번 그려 보기를 권한다.

2. 굴착작업 실사모형

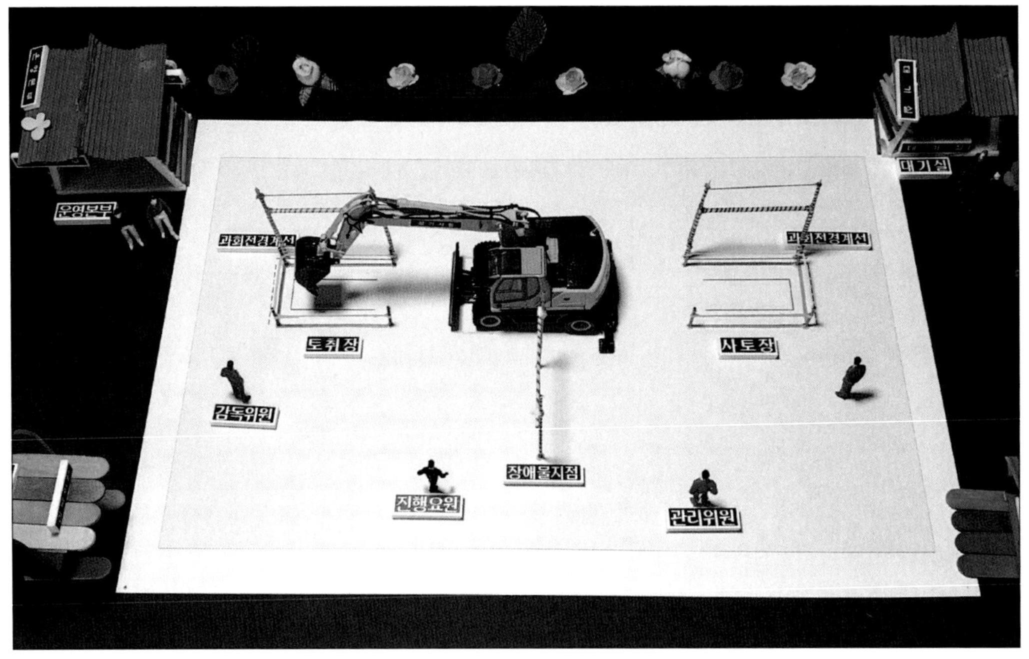

[전체 굴착작업]

[토취장에서 사토장]

[토취장 정면]

[토취장 측면]

[장애물 지점 정면]

[장애물 지점 측면]

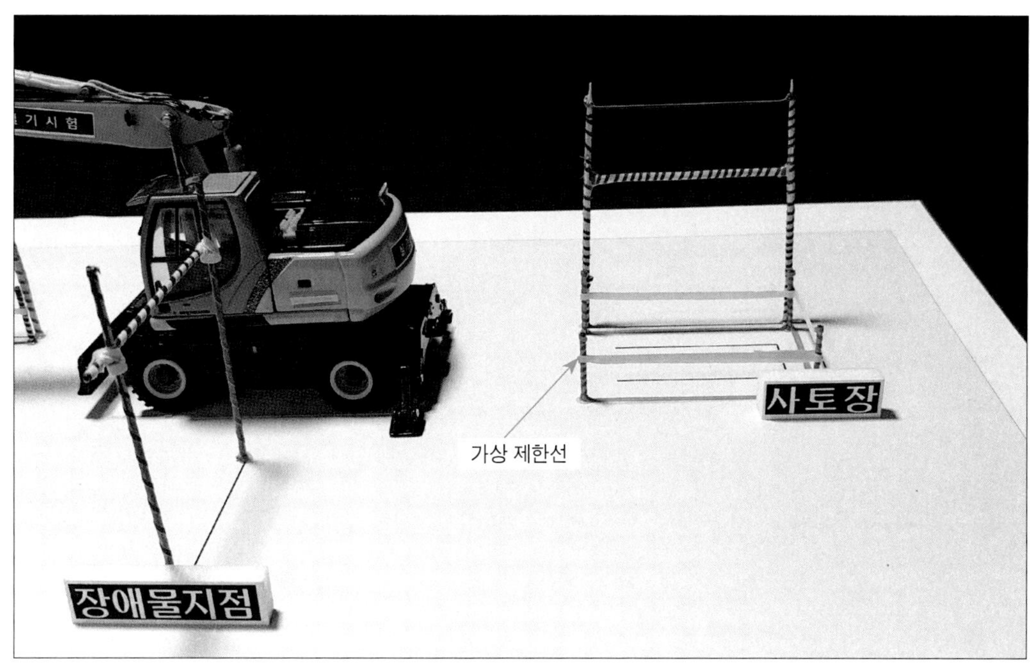

[사토장 정면]

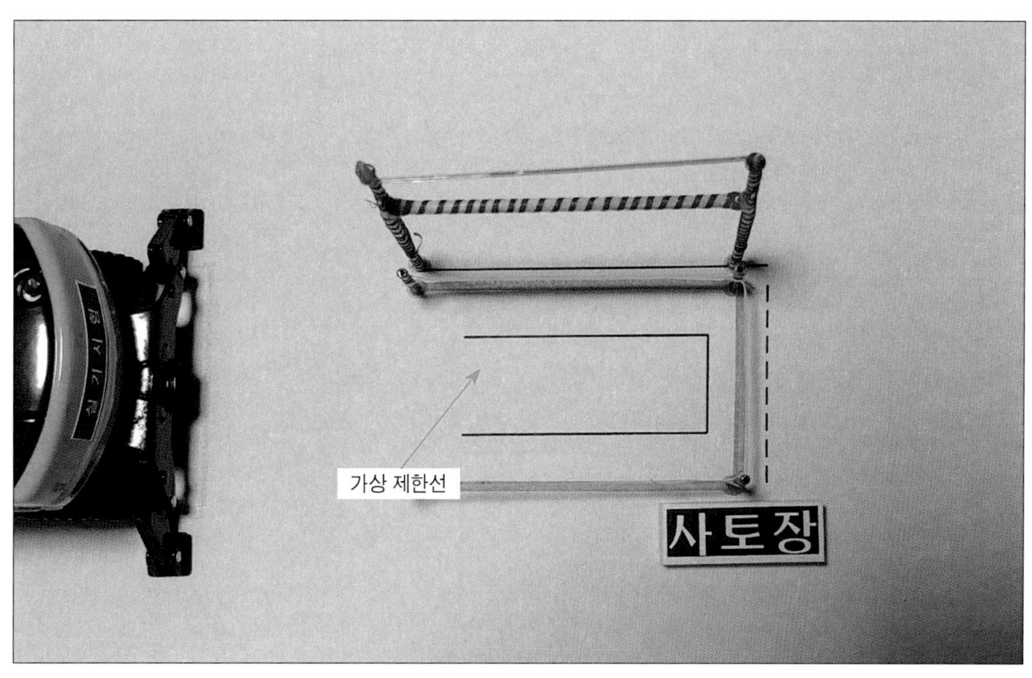

[사토장 상공]

[장애물 장대높이(3.8m) 측정(축척 1:50)]

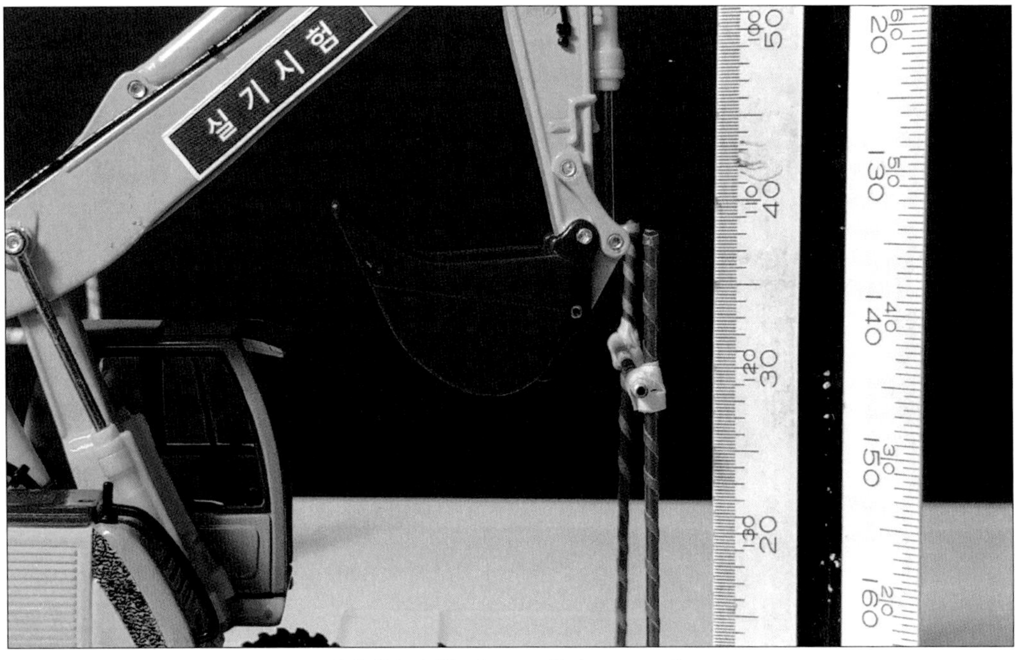

[장애물 장대높이(3.8m) 측정(축척 1:50)]

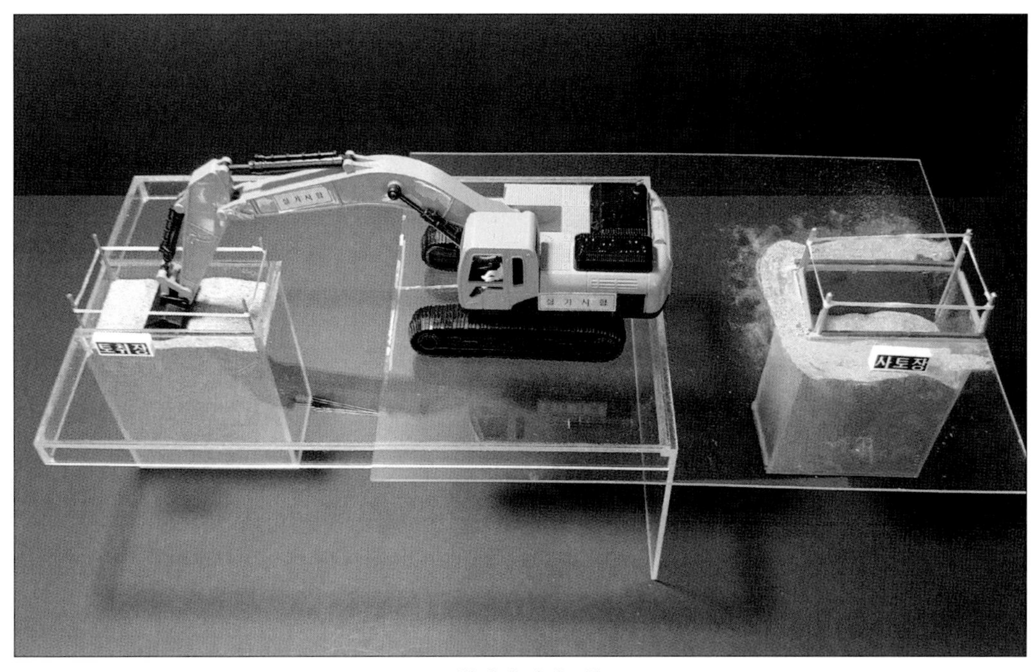

[굴착작업 입체모형]

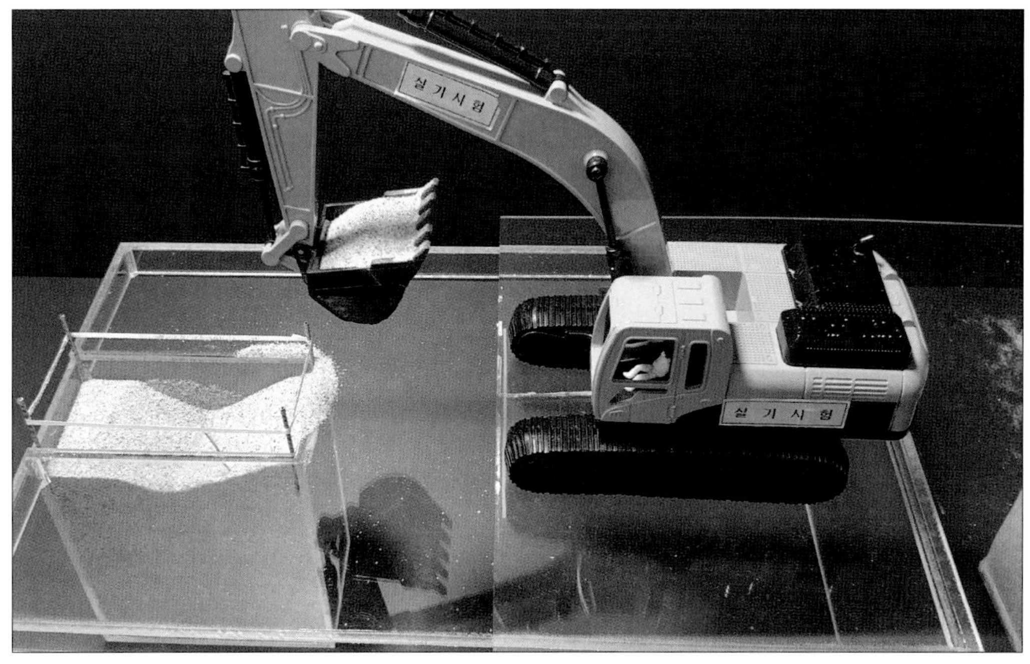

[굴착작업 입체모형]

3. 작업체계(5개 대분류-21개 소분류 작업단계)

대분류	작업 명칭	중요도	난이도
01) 작업준비	① 시험시작 전 준비	하	하
	② 탑승 전 준비	하	중
	③ 탑승 후 준비	중	중
	④ 작업 의사표시	하	하
02) 흙 파기	⑤ 흙 파기	상	상
	⑥ 평삭 버킷	상	상
	⑦ 흙 파기 후 회전	중	상
	⑧ 평삭 버킷 회전구역 통과	상	중
	⑨ 흙 쏟기 준비	하	하
03) 흙 쏟기	⑩ 흙 쏟기	상	중
	⑪ 빈 버킷	하	하
	⑫ 흙 쏟기 후 회전	중	상
	⑬ 빈 버킷 회전구역 통과	상	중
	⑭ 면 고르기 준비	하	중
04) 면 고르기	⑮ 끌면서 면 고르기	중	상
	⑯ 밀면서 면 고르기	중	상
	⑰ 면 고르기 상태	상	상
05) 마무리	⑱ 버킷 착지	상	중
	⑲ 엔진출력, 안전레버	중	하
	⑳ 기어, 브레이크, 안전벨트	중	하
	㉑ 정리 및 하차	하	하

■ 난이도와 중요도는 3등급 상대평가: 상 7개, 중 7개, 하 7개

4. 작업단계별 기본과 원칙

01. 시험시작 전 준비

중요도			대분류	소분류 작업단계	난이도		
상	중	하	작업준비	01. 시험시작 전 준비	상	중	하
소요 시간				30분	권장 누계 시간		-

☞ **II. 코스운전의 기본과 원칙 편의 「시험시작 전 준비」 사항과 공통사항이 많으니 다시 참조한다.**

■ 규정된 복장을 착용한다.

- 코스운전에서 착용했던 규정된 복장을 그대로 착용한다.
- 확실한 방법은 상의는 긴팔, 하의도 긴 바지, 신발은 운동화를 착용하는 것이다.
- 여름철에는 가끔 더워서 겉 상의를 벗고 있다가 깜빡하고 반팔 상의로 응시하는 경우가 종종 있다. 조심해야 한다.

■ 합격률을 높이기 위해서는 시험시작 30분 전에 도착해서 수험장을 둘러보거나 오후시험을 선택해서 오전시험을 모니터링한다.

■ 시험장 둘러보기 착안사항

- 위치 확인(굴착작업은 보통 코스운전 주변에서 한다).
- 토취장에 준비된 흙의 상태를 살핀다. 비가 와서 흙에 물기가 많으면 흙이 질어서 버킷으로 파서 담는 데 어려움이 있다.
- 흙 상태가 평소 연습한 것과 상당히 달라 시험에 불리하거나 앞의 수험생이 흙이 질어서 흙 파기가 잘 안 된 경우에는 시험시작 전에 질의를 준비한다.

■ 다른 수험생 모니터링 착안사항

- 굴착의 힘을 결정하는 엔진출력 RPM 조절 상태.
- 어디에서 실격을 하는지와 실격의 원인은 무엇인지.

■ 연습했던 장소의 토취장, 사토장, 장애물 지점, 과회선 경계선이 시험장의 것과 동일한지 확인하고 대비한다.

- 시험에 영향을 미치는 중요한 사안은 반드시 시험시작 전에 감독위원이나 관리위원에게 질의해야 한다.
- 버킷의 가로 및 세로, 최대한 붐을 세우고 최대한 암을 오므린 상태에서 지면에서 버킷 연결핀까지의 수직거리에 따라 시험장의 규격이 달라질 수 있기 때문에 유심히 살펴본다.

■ 시험장에 준비된 장비와 연습했던 장비와의 차이를 확인한다.

- 장비 제조사, 제조연도 등에 따라 RPM 위치 및 조작, 안전레버 등의 조작방법이 다를 수 있기 때문이다(장비기종은 [별지 5] 참조).
- 시험장에 준비된 장비가 몇 대인지를 확인한다. 장비가 2대인 경우에는 서로 다른 기종일 확률이 높으며 혹시 코스운전과 굴착작업이 동시에 진행될 수도 있기 때문에 마음의 준비를 한다.
- 응시생이 연습했던 학원에서 시험을 치르는 경우가 많다. 지역에 있는 학원을 임대하여 여러 학원을 돌아가면서 시험을 치르기 때문이다. 이런 경우에도 장비가 고장 나면 평소에 연습했던 장비가 아니라 긴급으로 임대한 다른 기종의 장비가 투입될 수 있다.

■ 제조사별 엔진출력 RPM 스위치 사례

[D사 원경]

[D사 근경]

[H사 원경]

[H사 근경]

[V사 원경]

[V사 근경]

■ 코스운전 마지막 응시생이 시험을 마치면 현장에서 실격한 응시생은 시험장을 빠져나가고 실격 없이 통과한 응시생만이 굴착작업 시험에 응시한다.

- 현장에서 지켜보면 일반적으로 코스운전 25명 중에서 10명 이내의 인원이 현장에서 실격되는 것 같다.

쉬어가기 ◈ 인생을 살다 보면 비바람 몰아치는 폭풍을 겪게 된다. 이 또한 지나가리라!

착안 사항

- **▣ 착용복장은 고민하지 말고 긴 셔츠, 긴 바지, 운동화이다.**
- **▣ 조금 일찍 와서 여유를 갖고 시험장을 살펴본다.**
- **▣ 토취장의 흙 상태와 굴삭기 기종을 확인하고 살펴본다.**

02. 탑승 전 준비

중요도			대분류	소분류 작업단계		난이도		
상	중	하	작업준비	02. 탑승 전 준비		상	중	하
소요 시간				0~100분	권장 누계 시간	-		

☞ **시작에 앞서서 마인드 컨트롤하고 집중한다.**

■ 코스운전에서 실격 없이 통과한 응시생을 상대로 진행요원이 장비설명을 하고 굴착작업 시범을 보인 후에 질의응답을 한다.

- 일반적으로 코스운전에 활용했던 장비를 굴착작업 시험장으로 옮겨서 사용하고 진행요원이 장비를 설명한 후 시범을 보인다.
- 시험의 순서는 코스운전 번호순으로 한다.
- 평소 연습했던 장비가 아니라면 진행요원의 설명을 꼼꼼히 듣고 궁금한 사항은 반드시 질의하고 답변을 들어야 실수하지 않는다.
- 장비는 기종에 따라 RPM 위치 및 조작, 안전레버 조작방식이 다를 수 있다.

■ 진행요원의 설명과 시범 후에 시험순서에 따라 5명 내외를 남기고 나머지 응시자는 대기실로 이동한다. 특히, 시험순서가 앞인 경우 긴장하지 않도록 자기만의 해소방안을 미리 준비해 둔다.

- 코스운전에서 설명한 바와 같이 긴장해서 시험을 망치지 않도록 마인드 컨트롤(Mind Control)을 해야 한다.
- 코스운전 전에 약국에서 구입한 긴장 완화제를 먹었다면 굴착작업 전에 다시 복용하는 것은 피하는 것이 좋다.
- 특히 순번이 앞인 경우에는 긴장 완화 방안을 강구해야 한다.

■ 코스운전과 마찬가지로 대기실로 다시 이동한 수험생의 경우에는 조금 여유가 생긴다. 다른 수험생들과 대화하면서 정보를 교환한다.

■ 진행요원의 지시로 대기실에서 시험장으로 이동했다면 대기하면서 가상주행, 정보수집, 시뮬레이션(Simulation)을 한다.

- 평소 연습했던 나만의 시간안배 시간표를 생각하면서 가상으로 굴착작업을 해 본다.
- 미리 살폈던 토취장, 사토장, 장애물 지점, 장비기종, 응시생이 실격하는 위치와 원인 등을 종합적으로 고려해서 시뮬레이션해 본다.
- 시뮬레이션은 앞선 응시생이 작업하는 것을 보면서 구체적으로 한다. 실제상황을 눈으로 쫓아가면서 작업단계별로 시뮬레이션한다.
- 응시자의 입장이 아니고 감독위원의 눈으로 살피고 벤치마킹(Bench Marking)을 한다.

■ 장비에 탑승하기 전에 꼭 해야 하는 중요한 세 가지가 있다.

- 첫째, 흙의 상태를 살펴야 한다.

: 흙의 질기가 굴착작업에 큰 영향을 미치기 때문이다. 너무 질면 흙을 파서 담기가 어렵다. 이런 경우에 관리위원에게 수정을 요구하는 것도 하나의 방법이다. 주변에 마른 흙이 있다면 섞어서 개선도 가능하기 때문이다.

참고 사항

◈ 흙에 물기가 많아도 모래와 같은 사질토(沙質土) 성분이 많다면 영향이 없을 수 있다. 사질토는 흙 입자가 커서 입자끼리 잘 달라붙지 않는 성질이 있다.
◈ 진흙과 같은 점성토(粘性土) 성분이 많다면 입자가 작아서 물과 만나면 흙 입자끼리 달라붙는 성질이 있어서 굴착작업에 악영향을 미칠 수 있다.
◈ 시험장마다 상황이 다르므로 앞선 응시생의 작업상황을 보고 판단하는 것이 바람직하다.

[물 많은 습윤 상태의 사질토]

[물 많은 습윤 상태의 점성토]

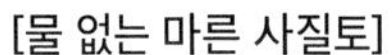

[물 없는 마른 사질토]

[물 없는 마른 점성토]

- 둘째, 장비의 위치를 확인해야 한다.
  : 장비가 토취장과 사토장 중간에 있으면서 각각의 중심이 일직선상에 있는지 여부를 확인한다.
  중간에 있지 않을 경우 암과 붐을 펼치는 길이에 제한이 있기 때문에 제한선에 접촉할 수 있다.
  중심이 일직선상에 있지 않으면 버킷 조작에 영향이 있어서 측면의 토취 제한선에 접촉할 수 있다.
  굴삭기는 앞과 뒤, 좌측과 우측의 가운데에 있어야 한다.

[토취장과 사토장 중간]

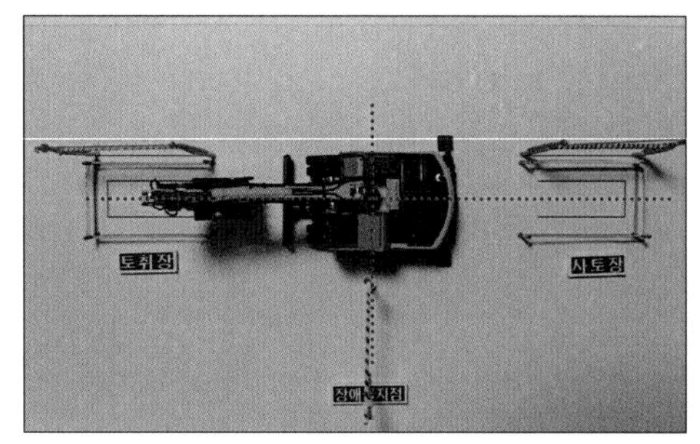

[앞뒤, 좌우가 중앙에 위치]

- 셋째, 블레이드가 단단하게 고정되어 있는지를 확인해야 한다.
  : 암과 붐을 조작할 때 조작미숙으로 굴삭기가 끌리면서 블레이드가 움직이게 되면 정도에 따라 감독위원이 실격을 선언할 수 있다.

[부적정한 앞쪽 고정]

[적정한 뒤쪽 고정]

■ 마지막으로 제일 중요한 것이 흙의 양을 확인하고 필요에 따라서 보충을 요구하는 것이다.

- 작업 의사표시 후 첫 작업이 굴착이다. 굴착에서 제일 중요한 것은 버킷에 평삭 이상의 흙을 담아야 하는 것이다.
- 시작부터 토취장에 흙이 부족하다면 굴착작업에 많은 애로점이 있다. 부족하면 감독위원, 관리위원, 진행요원에게 보충을 요구한다.

[토취장 흙 부족]

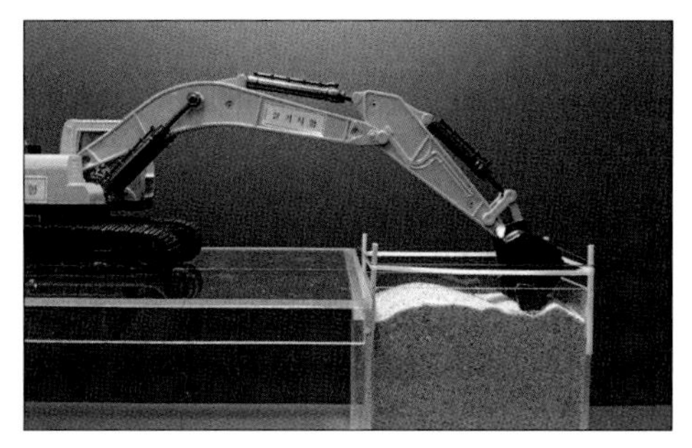

[토취장 흙 보충]

착안 사항

- ▣ 진행요원의 장비설명을 듣고 궁금한 사항은 반드시 물어본다.
- ▣ 굴착하기에 적정한 흙인지의 여부를 확인한다.
- ▣ 장비 위치와 고정상태가 적정한지 확인한다.
- ▣ 토취장 흙의 양이 부족한 경우 보충을 요구한다.

03. 탑승 후 준비

중요도			대분류	소분류 작업단계		난이도		
상	중	하	작업준비	03. 탑승 후 준비		상	중	하
소요 시간				15초	권장 누계 시간	-		

☞ **탑승 전에 마지막으로 나만의 시간안배 시간표를 다시 떠올려 본다.**

■ 감독위원이나 진행요원의 지시에 따라서 굴삭기에 탑승하되, 천천히 탑승한다.

■ 반드시 탑승 후 준비를 마친 후에 작업 의사표시를 해야 한다.
- 굴착작업은 코스운전과 달리 작업 의사표시를 하는 순간부터 감독위원이 제한 시간을 측정한다. 따라서 의사표시 전에 준비를 마쳐야 한다.
- 코스운전의 경우에는 출발 의사표시를 하고 1분 이내에 출발선을 통과해야 하고 제한 시간의 측정은 출발선의 통과부터이다.

■ 탑승 후 준비사항은 다음과 같다.
- 안전벨트를 꼭 착용한다. 차로를 주행하는 것이 아니라는 생각에 종종 잊어버리는 경우가 있다.
- 운전석 왼쪽에 위로 들려 있는 조정박스를 밑으로 눌려서 작동이 되도록 풀림(Unlock)으로 조작한다.
- 조정박스가 풀림(Unlock)되어도 조정박스에 부착된 안전레버가 잠금(Lock)으로 되어 있으면 버킷, 암, 붐은 작동하지 않는다.
- 조정박스 풀림(Unlock)으로 한 후에 안전레버를 '—' 모양으로 들어 올린다.

[들려서 잠금(Lock)된 조정박스]

[눌려서 풀림(Unlock)된 조정박스]

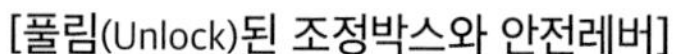
[풀림(Unlock)된 조정박스와 안전레버]

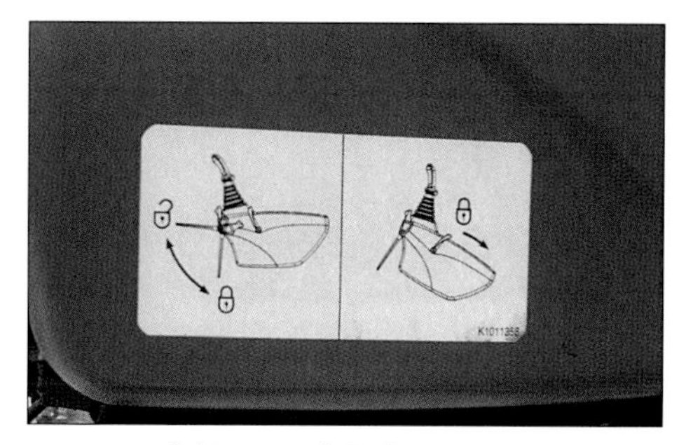

[잠금(Lock)과 풀림(Unlock)]

- 일반적으로 운전석 우측에 있는 엔진출력 RPM 스위치를 조작한다. 반드시 출력을 높여야 한다. 출력이 약하면 굴착에 문제가 있어서 좋은 시험결과를 기대할 수 없다.

[RPM 조작 전]

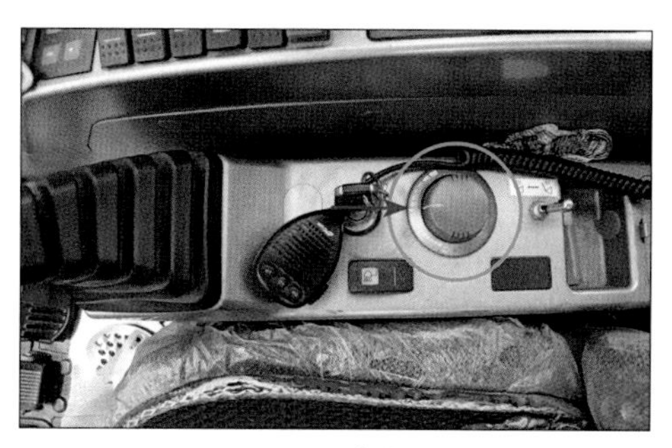

[RPM 조작 후]

■ 코스운전에서 주행 중에 버킷이 움직이면 조작미숙 등으로 실격될 수 있는 것과 마찬가지로 굴착작업에서도 작업 중에 기어가 체결되어 움직이게 되면 조작미숙 등으로 실격될 수 있다.

- 작업 중에 장비가 움직이지 않도록 기어와 브레이크를 확인한다.
- 장비가 움직일 수 있는 블레이드 작동 레버를 만지지 않는다.

착안사항

▣ 제일 먼저 안전벨트를 착용한다.

▣ 조정박스는 눌러서 풀림하고 안전레버는 들어서 풀림한다.

▣ 굴착작업을 위해 엔진출력 RPM 스위치를 조작한다.

04. 작업 의사표시

중요도			대분류	소분류 작업단계		난이도		
상	중	하	작업준비	04. 작업 의사표시		상	중	하
소요 시간				0초	권장 누계 시간		0초	

☞ **작업 의사표시를 하는 순간부터 제한 시간이 시작된다.**

■ 탑승 후 준비가 완료되면 감독위원에게 작업 의사표시를 한다.

- 의사표시 방법은 감독위원과 눈을 마주치면서 손을 드는 것이다.
- 흙을 파는 토취장과 흙을 쏟는 사토장이 한 번씩 교대로 바뀌기 때문에 2명의 감독위원 중 1명에게 작업 의사표시를 한다.
- 의사표시 이후에는 특별한 사정이 없는 한 감독위원, 관리위원, 진행요원은 응시생의 귀책 사유인 경우에는 도움을 주지 않는다.

■ 응시생이 의시표시 없이 작업을 시작하거나 의사표시 후에 감독위원의 호각신호 없이 작업을 시작했다면 감독위원이 시간 측정을 못했을 수도 있다. 따라서 다시 의사표시를 하고 감독위원 호각신호에 따라서 작업을 다시 시작해야 한다.

■ 작업 의사표시 전에 시험에 영향을 미치는 두 가지 사항을 반드시 재확인해야 한다.

- 첫째, 조정박스와 안전레버 풀림(Unlock) 상태를 확인해야 한다. 잠금(Lock) 상태에서 의사표시를 하면 시간은 계속 흘러가는데 장비가 작동하지 않아 응시생은 더욱더 당황하게 된다. 결국은 풀림(Unlock)을 못 해서 조작미숙, 시간초과 등으로 실격될 수 있다.
- 둘째, 흙 파기에 결정적인 영향을 미치는 엔진출력 RPM을 확인해야 한다. 출력이 낮아 힘이 없으면 흙을 제대로 파서 담을 수가 없다.

착안 사항

- ▣ **감독위원에게 의사표시를 하고 호각신호에 따라 시작한다.**
- ▣ **조정박스와 안전레버 풀림(Unlock)을 재확인한다.**
- ▣ **엔진출력을 높이기 위하여 RPM을 조작한다.**

05. 흙 파기

중요도			대분류	소분류 작업단계	난이도		
상	중	하	흙 파기	05. 흙 파기	상	중	하
파기~쏟기		1회 : 45초		권장 누계 시간	4회 : 3분		

☞ **굴착작업에서 가장 중요한 작업단계이다. 최선을 다해야 한다.**

■ 토취장에서 흙을 파면서 토취장 4면에 설치된 토취 제한선을 접촉(터치)하면 실격될 수 있으니 조심해야 한다.

- 토취장의 형상은 3차원으로는 직육면체이고, 2차원으로는 직사각형이다.
- 흙을 파는 버킷 작업공간은 버킷의 가로, 세로 길이에 일정한 여유를 감안해서 설정한 공간이다.
- 토취 제한선은 버킷이 작업해야 하는 지역을 제한하는 선으로 평면상에서 보면 직사각형의 형태로 네 변 모두에 제한선이 있다(TL1, TL2, TS1, TS2).
- 토취 제한선에서 특히 조심해야 하는 선은 굴삭기와 가장 가까이 있는 짧은 변에 설정된 눈에 보이지 않는 가상 제한선(TS1)이다. 약간의 부주의로도 가상 제한선(TS1)을 접촉(터치)할 수 있고 접촉 시에는 라인터치로 실격될 수 있다.
- 가상 제한선을 제외한 세 개의 변은 지면에서 일정한 높이에 끈 등으로 제한선이 설치되어 있어서 눈으로 확인이 가능하다.

■ 토취장 및 제한선 전경

[토취장]

[토취장]

■ 흙을 굴착하기 위해서는 운전석에서 가장 멀리 있는 토취 제한선(TS2) 근처까지 버킷, 암, 붐을 펼쳐야 한다.

- 운전석에서 제한선이 잘 보이지 않아 접촉할 가능성이 있기 때문에 조심해야 한다.

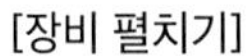
[장비 펼치기]

[장비 펼치기]

■ 버킷, 암 붐을 오므리면서 흙 파기와 동시에 버킷에 흙을 담는다.

- 운전석에서 가장 가까이에 있는 가상 토취 제한선에 접촉할 수 있기 때문에 조심해야 한다.

[버킷 오므리기]

[버킷, 암, 붐 오므리기]

[버킷, 암, 붐 오므리기]

[버킷 들기]

■ 토취장에서 흙을 팔 때는 연속동작으로 작업해야 한다.

- 암과 붐을 펼쳤다가 오므리면서 동시에 버킷도 오므리는 연속동작으로 작업을 해야 한다.
- 연습이 부족해서 연속동작이 어려울 경우에는 무리하지 말고 버킷, 암, 붐을 각각 끊었다, 이었다 하는 단속(斷續)동작으로 하기를 권한다.

■ 반드시 흙을 '파고→돌고→쏟고'를 4회 반복해야 한다.

- 흙을 팔 때는 흙을 최대한 많이 파서 버킷에 담아야 한다.

■ 첫 번째 굴착은 토취장에 흙이 가장 많은 상태에서 하는 것이기 때문에 첫 번째는 반드시 평삭 이상으로 흙을 파서 담아야 한다.

- 흙이 가장 많은 첫 번째에서 실수하면 두 번째 이후에는 평삭 이상을 기대하기 어려울 수 있다.

■ 세 가지 실수를 조심해야 한다.

- 첫째, 3회를 하면 실격될 수 있고, 5회를 하면 시간초과할 수 있다. 반드시 4회를 권한다.
- 둘째, 버킷으로 토취장을 굴착할 때 장비가 위로 들리지 않도록 조심해야 한다. 들리게 되면 조작미숙 등으로 실격될 수 있다.
- 셋째, 흙을 많이 파서 담아야 하는데 엔진출력이 약하면 제대로 팔 수가 없다. 하다가 힘이 없으면 엔진출력 RPM을 확인한다. 흙 파기 양이 적으면 그만큼 합격할 확률이 낮아진다.

■ 흙 파기를 할 때는 한 번에 하지 않고 여러 번 해도 된다.

- 흙을 파기 위해 버킷, 암, 붐을 펼쳤다가 오므리는데 이런 작업을 한 번에 해서 버킷에 평삭 이상의 흙을 담는 것이 가장 이상적이다.
- 펼치고 오므리는 것을 여러 번 해도 되지만, 코스운전처럼 실수를 만회하는 것은 한 번에 제대로 하는 것이 좋다. 그래서 한 번 정도만 더 하기를 권한다.

■ 반복해서 강조하지만, 흙 파기에서 가장 중요한 것은 버킷에 평삭 이상의 흙을 담아야 좋은 결과를 기대할 수 있다는 점이다.

평삭 이상을 위해서는 다음과 같은 노력이 필요하다.

- 「탑승 전 준비」 단계에서 토취장 흙의 양을 확인하고 보충을 요구한다.
- 첫 번째 굴착에서는 꼭 평삭 이상으로 담는다.
- 굴착할 때는 평삭이 아닌 고봉을 목표로 한다.
- 엔진출력을 상황에 따라서 평소보다 조금 높여 본다.

- 평삭이 아닐 경우에는 시간에 여유가 있기 때문에 빨리 끝내기보다는 한 번 더 신중하게 굴착할 것을 권한다.

저자 경험

◈ 직장동료 Y는 긴장해서 4회를 초과해 5회 굴착하는 중간에 실격 처리되었다. 원인은 시간 초과였다. 그 후로 2년이 경과했는데 최종합격을 못 하고 있다.

쉬어가기 ◈ 합격 후에는 요즘 인기 절정인 러시아 캄차카로 떠나자!

착안 사항

▣ 토취 제한선에 접촉하면 실격될 수 있다.
▣ 눈에 보이지 않는 가상 제한선 터치를 조심해야 한다.
▣ 토취장 흙 파기는 연속동작으로 꼭 4회를 권한다.
▣ 버킷에는 최대한 많은 흙을 파서 담아야 한다.

06. 평삭 버킷

중요도			대분류	소분류 작업단계	난이도		
상	중	하	흙 파기	06. 평삭 버킷	상	중	하
파기~쏟기			1회 : 45초	권장 누계 시간	4회 : 3분		

☞ **흙 파기 작업의 성과물은 버킷에 담긴 흙의 양이다.**

■ 연속동작으로 작업한 흙 파기에서 버킷에 담긴 흙이 많을수록 좋다.

- 최소한 버킷 상부 테두리 기준으로 평삭 이상은 되어야 한다.
- 다시 강조하지만, 흙을 많이 파야 좋은 결과를 기대할 수 있다.

■ 4회 흙 파기를 할 때 4회 모두 버킷에 흙이 평삭이 되려면 고봉이 되도록 작업해야 평삭이 될 수 있다.

- 평삭(平削)이란 철판 등의 기계작업에서 평편하게 깎은 상태이다.
- 고봉(孤峯)이란 산봉우리처럼 우뚝 솟은 형상이다.

■ 흙에 물기가 많고 점성토 성분이 많으면 버킷에 제대로 담기지 않고 버킷가락 주변에 흙이 뭉쳐진 상태가 되는 경우가 종종 있다.

- 흙 상태에 따라 버킷가락의 흙이 버킷에 들어가도록 조작한다.
- 평소보다 버킷, 암, 붐을 조금 더 오므려 보고 회전할 때는 평소처럼 높이를 조정한다.

■ 버킷 전경

[빈 버킷]

[흙이 적은 버킷]

[평삭 버킷]

[고봉 버킷]

■ 평삭 버킷 집중 분석

▸▸▸ 시험장 06 타이어 굴삭기 버킷 용량은 0.6m^3이다.

- 버킷에 흙을 평삭으로 담으려면 용량인 0.6m^3만큼 담아야 한다.

▸▸▸ 총 평삭 버킷 흙양 = 0.6m^3 × 4회 = 2.4m^3

■ 토취장 및 버킷 작업공간 평면도와 입체도

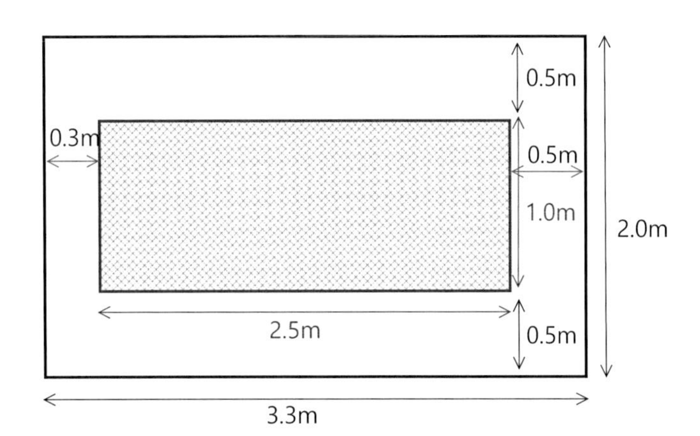

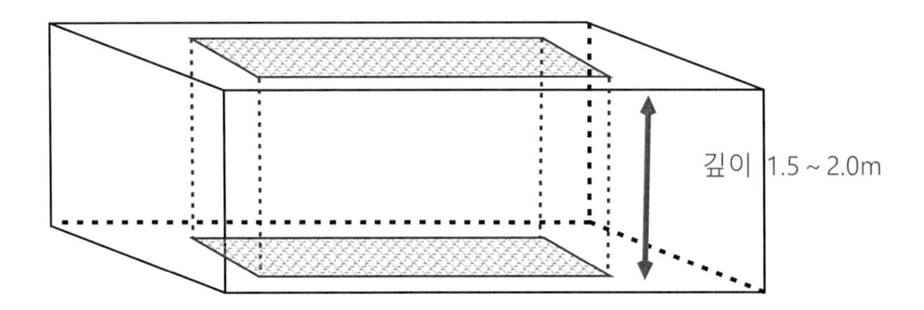

▸▸▸ 토취장 및 버킷 작업공간

- 토취장은 3.3m×2.0m=6.6㎡(버킷 규격과 작업에 대한 여유를 고려한 제원)
- 순수 버킷 작업공간=2.5m×1.0m=2.5㎡

▸▸▸ 평삭을 위해 버킷이 굴착해야 하는 깊이

- 토취장 전체 6.6㎡를 다 사용하는 경우=2.4㎥÷6.6㎡=37㎝
- 버킷 작업공간을 다 사용하는 경우=2.4㎥÷2.5㎡=96㎝
- 37㎝ 깊이로 토취장을 다 파는 것은 불가능하다.
- 96㎝ 깊이로 버킷 작업공간만을 다 파는 것은 어렵고 비효율적이다.
- 현장에서는 버킷 작업공간을 중심으로 토취장을 파낸다.

▸▸▸ 토취장 여건, 흙양, 흙의 상태 등을 감안한 권장 깊이는 1.5~2.0m이다.

- 토취장에 흙이 가득 차 있는 경우이며 안전율 1.5인 경우 1.5m 내외이고 안전율 2.0인 경우 2.0m 내외이다.
- 버킷 작업공간을 다 사용하는 경우에 0.96m를 약 1.0m로 가정하고 안전율 1.5인 경우에는 50%의 할증을 더해서 1.5m이다. 안전율이 2.0인 경우에는 할증을 100% 더해서 2.0m이다.
- 토취장에 흙이 지면보다 0.5m 내려가 있는 경우에는 0.5m 더 밑으로 굴착해야 한다. 즉, 2.0~2.5m를 굴착해야 한다. 안전율이 포함된 값이기 때문에 여유가 있다.

착안 사항

- **▣ 버킷에는 항상 최대한 많은 흙을 담아야 한다.**
- **▣ 버킷이 평삭이 되려면 고봉을 목표로 작업한다.**
- **▣ 4회 평삭을 위한 버킷 굴착 깊이는 1.5~2.0m이다.**

07. 흙 파기 후 회전

중요도			대분류	소분류 작업단계		난이도		
상	중	하	흙 파기	07. 흙 파기 후 회전		상	중	하
파기~쏟기			1회 : 45초	권장 누계 시간		4회 : 3분		

☞ **버킷이 평삭이라는 느낌이 있을 때 회전을 준비한다.**

■ 흙을 파서 버킷에 평삭 이상의 흙이 담긴 상태에서 회전을 한다.

- 평삭이 아님에도 회전을 시작하면 다시 되돌리기는 불가능하기 때문에 육안으로 평삭을 확인할 수 있는 지금 작업단계에서 수정하기를 권한다.

■ 파기와 쏟기 4회 반복 작업 중에서 첫 번째 작업이 제일 중요하다.

- 버킷에 흙이 평삭 이상이 아니면 반드시 회전 전에 다시 굴착해서 평삭 이상으로 수정하기를 권한다.
- 첫 번째 작업은 앞선 응시생이 지면에 버킷을 펼쳐서 착지한 상태이기 때문에 두 번째 이후보다 작업공정이 줄어서 시간적으로 여유가 있다.
- 그냥 회전하기보다는 확인 후 수정을 권한다.

■ 흙 파기 후 회전은 2개의 구간으로 분류할 수 있으며 서로 다른 특징을 가지고 있어서 준비도 다르게 해야 한다.

- 전체 궤적은 토취장에서 사토장으로 180° 회전하는 것이며 중간 90°에 있는 장애물 지점의 버킷 회전구역을 통과하는 것이다.
- 2개의 구간은

(1) 평삭 버킷을 들어 올려서 장애물 지점까지 회전

(2) 장애물 지점에서 사토장까지 회전

※ 90° 회전하면 중간에 있는 장애물 지점의 버킷 회전구역에 대해서는 유의할 점이 많아서 별도로 설명한다.

[장애물 지점 정면]

[토취장에서 장애물 지점]

[장애물 지점 측면]

[장애물 지점에서 사토장]

■ (1) 평삭 버킷을 들어 올려서 장애물 지점까지 회전

- 평삭 버킷은 오므린 상태, 암과 붐은 하향 상태이다. 회전을 위해서 들어 올리기 직전의 상태이다.
- 연속동작으로 암과 붐을 상향으로 올리면서 오므린다. 오므리면 버킷이 운전자 가까이로 다가온다.
- 버킷에 있는 흙이 떨어지지 않게 수평으로 조정한다.
- 버킷의 높이는 장비제원에 따라 다를 수 있다.
- 버킷의 높이는 암과 붐의 여러 가지 조합에 따라 다양하면서도 비슷한 결과가 발생할 수 있고 수험자 성향에 따라서도 다를 수 있어서 평소 연습을 통해서 나만의 최적의 높이를 찾아야 한다.

■ 흙 파기 후 회전하기 위해서 버킷을 들어 올리는 높이는 반드시 장애물 지점을 자연스럽게 통과할 수 있는 높이이어야 한다.

- 높이가 적정하지 않으면 장애물 지점에서 갑자기 회전 중에 다시 암과 붐을 조작하여 높이를 조정해야 하므로 실수할 수 있다.
- 평소 많은 연습으로 자신에게 적합한 버킷, 암, 붐의 위치를 결정하고 숙달해야 한다.

■ 버킷이 돌아가고 있는 중에는 암과 붐의 조작을 권하고 싶지 않다.

- 많은 연습으로 장비조작이 숙달된 응시생의 경우에 버킷, 암, 붐을 연속동작으로 조작해서 들어 올리면서 동시에 장애물 지점으로 회전하는 경우가 있다.
- 이런 경우 긴장해서 약간의 실수로 높이가 맞지 않으면 장애물 지점에 있는 장대 등과 부딪칠 수 있고 또는 부딪침을 피하고자 장애물 지점 직전에서 암과 붐을 조작하게 되면 위험할 수 있다.
- 버킷을 들어 올리는 것까지는 연속동작을 권하고 이후의 회전은 높이를 확인한 후에 천천히 서행으로 회전하기를 권한다.

■ 평삭 버킷의 특징을 이해해야 한다. 버킷에 무거운 흙이 있기 때문이다.

- 버킷 부피는 0.6㎥, 흙의 단위중량은 보통 2,000㎏/㎥이다.
- 평삭 버킷에 적재된 흙 무게는 0.6×2,000＝1,200㎏(1.2톤)이다.
- 1.2톤은 무거운 무게이기 때문에 회전할 때 주의해야 한다.
- 평삭 버킷을 들어서 회전하기 때문에 굴삭기 전체의 무게 중심이 높아지게 된다.
- 무게 중심이 높아짐에 따라 약간의 덜컹거림에도 굴삭기가 좌우로 요동칠 수 있어서 조심해야 한다.
- 상황에 따라서는 좌우 요동이 심한 경우에 안전사고 위험이나 조작미숙으로 실격될 수 있다.
- 장비조작 상태에 따라서 무거운 평삭 버킷이 장비를 앞뒤로 움직이게 할 수도 있다.

■ (2) 장애물 지점에서 사토장까지 회전

- 평삭 버킷이 장애물 지점을 통과했다면 회전 후 정지를 준비한다.
- 1.2톤의 흙 무게로 인하여 사토장 중간에 버킷을 멈출 때 주의해야 하고, 제한선 측면에 있는 과회전 경계선에 접촉하지 말아야 한다.
- 일부 숙련된 응시생의 경우, 장애물 지점을 통과한 이후에 곧바로 본체가 돌아가는 중에 연속동작으로 암과 붐을 밑으로 내리면서 흙 버리기를 준비하는 경우가 있다. 권하고 싶지 않다.
- 위의 경우에 약간의 실수로 사토 제한선에 접촉하거나 과회전 경계선에 접촉할 수도 있기 때문이다. 제한선에 접촉하면 현장에서 바로 실격 처리될 수 있다.
- 장비조작에 자신이 없으면 회전을 마친 후에 사토장 위에서 버킷을 내릴 때 연속동작하기를 권한다.

■ 굴착작업 제한 시간인 4분은 긴 시간이다. 빨리 작업을 마치는 것이 중요한 것이 아니라 서두르지 말고 정확하게 작업해야 한다.

- 시험장은 대부분 공개되어 있다. 담장이 없는 곳도 많다. 미리 가서 한 번 확인해 보기 바란다.

- '파기-회전-쏟기-회전' 1회를 하는 데 30초 내외이고 시험시작에서 장비 하차까지 대부분 3분 이내이다.
- 평소 연습했던 계획 시간대로 천천히 정확하게 할 것을 권한다.

쉬어가기 ◈ 캄차카는 러시아 북동부에 있으며 삼면이 바다로 둘러싸인 반도이다. 험준한 산과 활화산(活火山)의 풍경이 멋진 곳이다.

착안 사항

- ▣ 버킷이 평삭일 때 회전하고, 흙이 부족하면 수정 작업을 한다.
- ▣ 장애물 지점 통과를 위해서는 버킷 높이가 매우 중요하다.
- ▣ 평삭 버킷은 무겁기 때문에 요동치지 않도록 조심한다.
- ▣ 올릴 때와 내릴 때는 연속동작, 이동 중에는 단속동작에 유의한다.

08. 평삭 버킷 회전구역 통과

<table>
<tr><th colspan="3">중요도</th><th colspan="2">대분류</th><th colspan="2">소분류 작업단계</th><th colspan="3">난이도</th></tr>
<tr><td>상</td><td>중</td><td>하</td><td colspan="2">흙 파기</td><td colspan="2">08. 평삭 버킷 회전구역 통과</td><td>상</td><td>중</td><td>하</td></tr>
<tr><td colspan="4">파기~쏟기</td><td colspan="2">1회 : 45초</td><td>권장 누계 시간</td><td colspan="3">4회 : 3분</td></tr>
</table>

☞ **회전구역에서는 장애물 지점 접촉에 따른 실격을 조심한다.**

■ 평삭 버킷 회전구역 통과 시에는 작은 실수가 치명적일 수도 있어서 매우 조심스럽게 작업해야 한다.

■ 장애물 지점 및 버킷 회전구역 전경

[장애물 지점 정면]

[장애물 지점 정면]

[버킷 회전구역 측면]

[버킷 회전구역 측면]

■ 우선 평삭 버킷 회전구역을 정확히 알아야 무난히 통과할 수 있다.

- 버킷에는 1.2톤의 흙이 담겨 있다.
- 버킷 회전구역은 토취장에서 90° 회전한 곳, 토취장과 사토장의 중간이며, 굴삭기를 옆에서 봤을 때 중간에 위치하고 있다.
- 버킷 회전구역은 장애물 지점에 서로 마주 보게 설치된 2개의 장대에 설정된 일정 구역이다.
- 2개의 장대는 굴삭기 중간에 굴삭기와 직각방향으로 설치된다. 장대에는 장애물 제한선이 설정되어 있다.
- 제한선은 장애물 하한선과 장애물 상한선이다. 상한선은 장대의 높이이다. 하한선은 상한선에서 1.0m 아래에 끈 등으로 설치되어 있다.
- 버킷 회전구역은 장애물 상한선과 하한선 사이의 구역이다. 버킷이 돌아야 하므로 열린 공간이며 상한선은 회전에 지장이 없도록 장대 양 끝을 연결하는 가상의 선이다.
- 장대의 높이(H)는 붐을 최대한 세우고 암을 최대한 오므린 상태에서 지면에서 버킷 연결핀까지의 수직거리이다(3.8m).

■ 평삭의 버킷이 끈 등으로 설치된 장애물 하한선에 접촉하면 실격이다. 또한, 가상의 선인 장애물 상한선을 벗어나도 실격이다.

- 반드시 버킷은 회전구역 안에서 회전해야 한다.
- 장애물 상하한선 100㎝ 안에 버킷이 들어와야 한다.

■ 버킷이 회전구역을 잘 통과하려면 다음과 같이 하기를 권한다.

- 장애물 지점의 장대높이는 거의 비슷하므로 평소에 연습할 때 장애물 상하한선 중간 50㎝ 지점을 통과할 수 있도록 연습한다.
- 중간을 목표로 연습을 하면 상하로 50㎝의 여유가 있어서 안전하다.
- 흙 파기 후 회전 직전에 목표한 위치를 잡아야 한다. 장비조작의 자신감으로 암과 붐을 오므리면서 올리고 동시에 장애물 지점으로 회전하게 되면 실수할 수도 있기에 권하고 싶지 않다.
- 하한선의 끈이 폭이 넓어서 바람에 날리는 경우에는 끈을 꼬아서 폭도 좁히고 날리지 않도록 관리위원에게 수정을 요구할 수 있다.

■ 버킷 회전구역 통과

[적정한 통과]

[적정한 통과]

[바깥 장대 접촉]

[안쪽 장대 접촉]

[하한선 접촉]

[상한선 초과]

착안 사항

- **버킷 회전구역을 정확히 이해해야 한다.**
- **평소 연습할 때 버킷, 암, 붐의 조작상태를 몸에 익힌다.**
- **회전구역 통과를 위해서 상하한선 중간에 목표를 잡는다.**

09. 흙 쏟기 준비

중요도			대분류		소분류 작업단계		난이도		
상	중	**하**	흙 파기		09. 흙 쏟기 준비		**상**	중	**하**
파기~쏟기			1회 : 45초		권장 누계 시간		4회 : 3분		

■ 흙 쏟기 전의 준비단계이다. 준비단계는 다음 단계의 실수를 줄인다.

- 몇 번 강조한 것처럼, 자신감으로 장애물 지점 통과 후에 연속동작으로 바로 흙 쏟기를 하는 것은 권하고 싶지 않다.
- 흙 쏟기 준비는 사토장 상부에서 버킷을 버킷 작업공간 안으로 내려서 자리 잡을 준비를 하는 것이다.

■ 흙 쏟기 작업상황은 면 고르기와 면 고르기 상태에 상당한 영향을 미치기 때문에 적절한 계획을 가지고 있어야 한다.

- 쏟기 작업을 총 4회 해야 한다.
- 쏟기 작업의 순서를 미리 정한다.
- 버킷 작업구역 먼 곳에서 가까운 운전석 쪽으로 할 것인지, 운전석 쪽에서 먼 곳으로 할 것인지에 관해서 미리 계획을 짠다.

■ 흙 쏟기 준비단계에서는 흙 쏟기가 효율적으로 되도록 준비를 한다.

- 사토장 상부에서 버킷 작업공간에 정확하게 자리를 잡는다.
- 사토장에 남아 있는 흙의 양과 요철 상태를 살피고 어디에 사토를 할 것인지를 대략 결정한다.
- 4번의 쏟기 이후에 쏟아낸 흙이 최대한 편평하게 될 수 있도록 한다.
- 눈에 보이지 않는 가상 사토 제한선(TS3)의 위치를 확인한다.

저자 경험

◈ 두 번째 시험에서는 가상 사토 제한선에 흙이 쌓여 있어서 연습 때보다 접촉에 신경이 쓰여 조마조마했었다.

착안 사항

- **▣ 흙 쏟기 준비 후에 쏟기 작업을 권한다.**
- **▣ 흙 쏟기 작업순서를 사전에 계획하고 연습한다.**
- **▣ 사토 작업장 상황과 가상 제한선을 살핀다.**

10. 흙 쏟기

중요도			대분류	소분류 작업단계	난이도		
상	중	하	흙 쏟기	10. 흙 쏟기	상	중	하
파기~쏟기			1회 : 45초	권장 누계 시간	4회 : 3분		

☞ **굴착작업에서 파기 다음으로 중요한 작업이다.**

■ 흙 쏟기는 사토장에 흙을 쏟아야 하므로 사토장 4면에 설치된 사토 제한선(TL3, TL4, TS3, TS4)에 접촉하면 실격될 수 있으니 조심해야 한다.

- 토취장과 형상과 규격이 동일하다.
- 흙을 쏟아 버리는 사토 작업장과 버킷이 작업하는 작업구역이 있다.
- 사토장에도 토취장과 동일하게 굴삭기와 가까운 짧은 변에 눈에 보이지 않는 가상 제한선(TS3)이 있다.
- 토취장과의 차이점은 사토장에는 흙이 많이 없다는 것이다.

■ 사토장 및 사토 제한선 전경

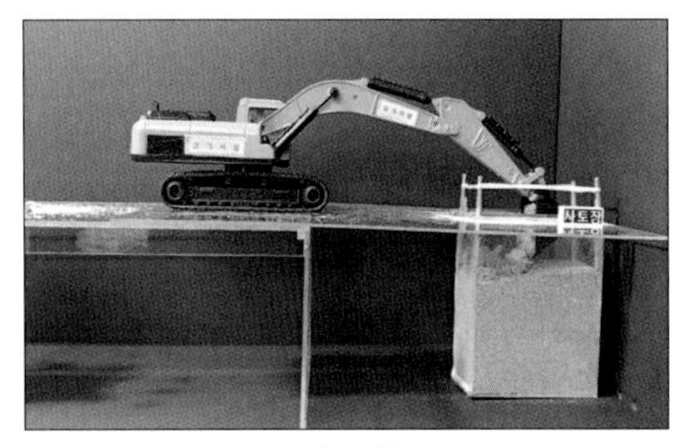

[사토장]

[사토장]

■ 흙 쏟기 준비단계에서 준비한 대로 작업할 수 있도록 노력한다.

- 흙을 먼 곳에서 또는 가까운 곳에서 쏟기 할 것인지 결정한다.
- 흙의 양이 적은 오목한 곳부터 쏟기 작업을 한다.

■ 흙 쏟기는 총 4회 작업한다. 한 곳에 집중하지 말고 사토장 상황을 감안하여 쏟기 한 면이 편평하게 되도록 분산하여 쏟기 한다.

- 한 곳에 집중하여 산봉우리처럼 쌓인 쏟기는 바람직하지 않다.
- 한 곳에 집중해서 쏟고 난 후에 산봉우리처럼 되면 면 고르기 작업과 면 고르기 상태에 나쁜 영향을 미칠 수 있다.

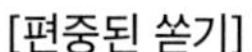
[편중된 쏟기]

[산봉우리 쏟기]

■ 흙 쏟기를 할 때도 운전석에서 멀리 있는 사토 제한선(TS4) 근처까지 버킷, 암, 붐을 펼쳐야 한다. 이때 운전석에서는 버킷에 가려서 제한선이 잘 보이지 않아서 접촉할 가능성이 있으니 조심해야 한다.

■ 사토장에서 흙을 쏟기 할 때는 연속동작으로 해야 한다.
- 오므려진 버킷, 암, 붐을 동시에 천천히 펼친다.
- 연습이 부족한 경우에는 무리해서 연속동작을 하기보다는 버킷, 암, 붐을 끊었다, 이었다 하면서 하는 단속동작으로 하기를 권한다.

■ 흙 쏟기 작업은 파기보다 쉬우므로 시간적 여유가 있다. 따라서 다음 작업단계인 면 고르기를 대비해서 작업한다.
- 흙 쏟기 완료 후에 사토장 면이 편평한 상태이면 면 고르기 작업이 매우 쉬워진다.
- 반면에 산봉우리처럼 볼록한 경우에는 면 고르기 작업에 어려움이 있다.

착안 사항

▣ 사토 제한선에 접촉하면 실격될 수 있다.
▣ 한 곳에 집중하지 말고 편평하게 분산해서 쏟는다.
▣ 사토는 연속동작으로 총 4회 반복한다.

11. 빈 버킷

중요도			대분류		소분류 작업단계		난이도		
상	중	하	흙 쏟기		11. 빈 버킷		상	중	하
파기~쏟기				1회 : 45초	권장 누계 시간		4회 : 3분		

☞ **평삭 버킷과 완전히 상반되는 개념이며 버킷을 깨끗이 비워야 한다.**

■ 흙 쏟기 후에 다시 흙을 파기 위해서는 버킷을 깨끗이 비워야 한다.

- 버킷을 덜 펼쳐서 버킷에 흙이 남지 않도록 한다.
- 연속동작으로 흙 쏟기를 하고 버킷, 암, 붐을 오므리면서 동시에 들어 올릴 때 산봉우리처럼 쌓여 있는 흙을 다시 버킷으로 담는 경우가 아주 드물게 발생할 수도 있다.

■ 토취장 흙의 상태에 따라 버킷, 암, 붐의 상태를 적절히 조절한다.

- 토취장 흙이 물기가 없고 사질토인 경우에는 큰 어려움 없이 버킷의 흙을 쉽게 비울 수 있다.
- 토취장 흙에 물기가 많고 점성토가 많은 경우에는 버킷을 좀 더 펼쳐야 한다.

■ 버킷을 펼친 상태에서는 운전석에서는 버킷 내부를 볼 수가 없기 때문에 흙이 남았는지 여부를 알 수 없다. 토취장으로 다시 회전하기 위하여 버킷, 암, 붐을 오므리면 알 수 있다.

- 버킷의 상태를 확인하고 회전 준비를 한다.
- 시간적 여유를 감안해서 수정할 것인지를 판단한다.
- 수정할 경우에는 한 번에 제대로 수정한다.

착안 사항

- **버킷에 흙이 남지 않도록 최대한 깨끗이 비운다.**
- **흙 상태에 따라서 버킷, 암, 붐의 조작을 조절한다.**
- **들어 올리면서 흙을 담지 말고, 수정 시에는 한 번에 한다.**

12. 흙 쏟기 후 회전

중요도			대분류	소분류 작업단계		난이도		
상	중	하	흙 쏟기	12. 흙 쏟기 후 회전		상	중	하
파기~쏟기			1회 : 45초	권장 누계 시간	4회 : 3분			

■ 버킷의 흙을 깨끗이 비우고 회전한다.

■ 흙 파기 후의 회전과 가장 큰 차이점은 빈 버킷이라 무게가 무겁지 않다는 것이다.
- 1.2톤의 흙이 없기 때문에 회전하기가 쉽다.

■ 흙 쏟기 후 회전은 2개의 구간으로 분류할 수 있으며 서로 다른 특징이 있어서 준비도 다르게 한다.
- 전체 궤적은 사토장에서 토취장으로 180° 회전하는 것이며, 중간 90°에 장애물 지점의 버킷 회전구역을 통과해야 한다.
- 2개의 구간은
  (1) 빈 버킷을 들어 올리면서 장애물 지점까지 회전
  (2) 장애물 지점에서 토취장까지 회전

■ (1) 빈 버킷을 들어 올려서 장애물 지점까지의 회전
- 빈 버킷은 펼쳐진 상태, 암과 붐은 하향 상태이다. 회전을 위해서 들어 올리기 직전의 상태이다.
- 연속동작으로 암과 붐을 상향으로 올리면서 오므린다. 오므리면 버킷은 운전자 가까이로 다가온다.
- 버킷을 장애물 지점의 하한선에 접촉되지 않도록 수평으로 조정한다.
- 버킷의 높이는 흙 파기 후 돌기와 동일한 높이에 맞춘다.

■ 흙 파기 후 회전과 마찬가지로 흙 쏟기 후 회전에서도 버킷을 들어 올리는 높이는 반드시 장애물 지점을 자연스럽게 통과할 수 있는 높이여야 한다.

■ 흙 파기 후 회전과 마찬가지로 흙 쏟기 후 회전에서도 버킷이 돌아가는 중에 암과 붐의 조작을 권하고 싶지 않다.

- 장비조작에 숙달되지 않거나 긴장 등으로 실수가 걱정된다면 동시작업을 권하고 싶지 않다.

■ (2) 장애물 지점에서 토취장까지의 회전

- 빈 버킷이 장애물 지점을 통과했다면 회전 후에 정지를 준비한다.
- 빈 버킷이기 때문에 평삭 버킷에 비해서 좌우 요동의 확률은 낮지만, 제한선 측면에 있는 과회전 경계선에 접촉하지 말아야 한다.
- 흙 파기와 마찬가지로 흙 쏟기에서도 장애물 지점을 통과한 이후에 곧바로 본체가 돌아가는 중에 연속동작으로 암과 붐을 밑으로 내리면서 흙 파기를 준비하는 것을 권하고 싶지 않다. 만약 장비조작에 능숙하고 자신이 있다면 도전해도 무방하다.

■ 흙 쏟기 후

[흙 쏟기]

[쏟기 후 들기]

[사토장에서 장애물 지점까지 회전]

[장애물 지점에서 토취장까지 회전]

[흙 쏟기]

[쏟기 후 들기]

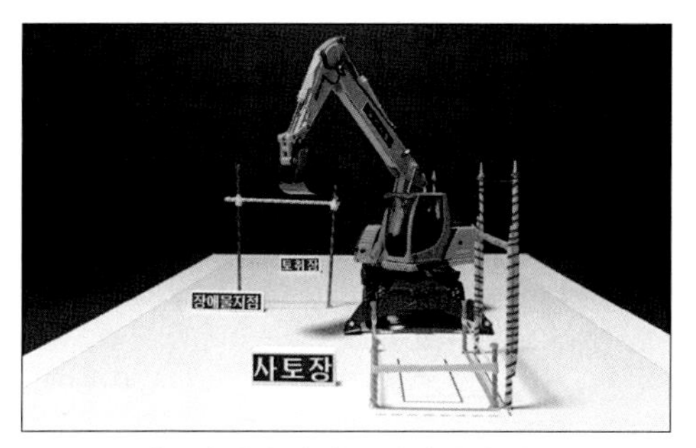

[사토장에서 장애물 지점까지 회전]

[버킷 회전구역 통과]

[장애물 지점에서 토취장까지 회전]

[토취장 도착]

착안 사항

- ▣ 빈 버킷일 때 회전한다.
- ▣ 장애물 통과를 위해서는 버킷 높이가 매우 중요하다.
- ▣ 올릴 때와 내릴 때는 연속동작, 이동 중에는 단속동작에 유의한다.

13. 빈 버킷 회전구역 통과

중요도			대분류	소분류 작업단계		난이도		
상	중	하	흙 쏟기	13. 빈 버킷 회전구역 통과		상	중	하
파기~쏟기			1회 : 45초	권장 누계 시간		4회 : 3분		

■ 평삭 버킷 회전구역 통과와 마찬가지로 작은 실수가 실격 사유가 될 수 있기 때문에 천천히 작업에 임한다.

■ 장애물 지점과 버킷 회전구역에 대한 정확한 이해가 있어야 한다.
- 이해가 있어야 시험장 여건 변동에 따른 임기응변(臨機應變)이 가능하다.
- 「08. 평삭 버킷 회전구역 통과」 편을 다시 한번 참조하기 바란다.

■ 장애물 지점과 버킷 회전구역에서 발생하는 실격 사례는 다음과 같다.
- 붐을 덜 세우고 암을 세운 경우에 하한선에 접촉할 수 있다.
- 붐을 많이 세우고 암을 덜 세운 경우에 상한선에 접촉할 수 있다.
- 붐을 많이 세우고 암을 운전석 쪽으로 많이 오므린 경우에 가까운 장대에 접촉할 수 있다.
- 붐을 덜 세우고 암을 덜 오므린 경우에 먼 장대에 접촉할 수 있다.

■ 평삭 버킷과 달리 버킷에 약 1.2톤 내외의 흙이 없기 때문에 작업하기가 쉬운 편이지만, 장애물 지점 통과는 항상 긴장해야 한다.
- 평삭 버킷과 비교하면 무게 중심이 조금 낮은 편이다.

저자 경험

◈ 앞선 응시생이 흙 쏟기 4회를 마치고 회전하면서 장애물 지점의 하한선에 접촉하여 바로 실격되었다. 마지막에 시간에 쫓겨서 방심한 것이 원인으로 보인다.

착안 사항

▣ **버킷 회전구역 실격 사례를 정확히 이해한다.**
▣ **버킷 회전구역에 대하여 다시 한번 이해한다.**
▣ **끝까지 방심하지 말고 평소 연습했던 대로 작업한다.**

14. 면 고르기 준비

중요도			대분류	소분류 작업단계	난이도		
상	중	**하**	흙 쏟기	14. 면 고르기 준비	상	**중**	하
소요시간			5초	권장 누계 시간	3분 5초		

☞ **이제는 마무리 직전의 단계이다. 시험이 거의 다 끝나 간다.**

■ '흙 파기-회전-흙 쏟기-회전'을 4회 반복하고 빈 버킷이 사토장 상부에서 면 고르기 작업을 준비하는 단계이다.

- 준비단계는 다음 단계의 실수를 줄이기 위해서 필요하다.

■ 흙 쏟기를 4회 마친 후에 면 고르기 준비를 해야 하므로 특이한 경우를 제외하고는 버킷, 암, 붐은 펼쳐진 상태이다.

- 면 고르기 작업계획에 따라 버킷의 위치와 상태가 다를 수 있다.

■ 흙 쏟기를 마친 후에 바로 이어서 면 고르기 작업을 하기보다는 시간안배 시간표에서 계획된 배정 시간에 따라 10초 정도 사토장 상태를 살피고 작업계획을 머릿속으로 복습해 본다.

- 「Ⅳ. 시간안배 시간표와 가상 Point」에서 설명하겠지만, 제한 시간에는 여유가 있다.

■ 면 고르기 준비단계에서는 면 고르기 작업과 면 고르기 상태가 제대로 될 수 있도록 준비한다.

- 최종 4회 흙 쏟기 한 흙의 상태를 살핀다.
- 쏟기 된 흙에 요철이 있는지, 흙이 편중되어 있는지 등을 살핀다.
- 사토된 흙의 상태에 따라서 어디에서 어디까지 면 고르기 작업할 것인가를 살핀다.
- 눈에 보이지 않은 가상 사토 제한선의 위치를 다시 확인한다.

착안 사항

▣ **반드시 4회 반복작업 후에 면 고르기 준비를 해야 한다.**
▣ **시간안배 시간표에 따라서 사토장의 상태를 살핀다.**
▣ **사토장 상황에 맞는 면 고르기 작업계획을 세운다.**

15. 끌면서 면 고르기

중요도			대분류	소분류 작업단계	난이도		
상	중	하	면 고르기	15. 끌면서 면 고르기	상	중	하

소요시간	8초	권장 누계 시간	3분 13초

☞ **침착해야 한다. 끝까지 최선을 다해야 한다.**

■ 면 고르기 작업은 선택이 아니라 반드시 해야 하는 필수 작업이다.
- 일반적으로 대부분의 수험생은 면 고르기 작업에 큰 관심 없이 대충 흉내만 내는 경우가 많다.
- 절대로 바람직하지 않다. 21단계의 모든 작업에 대하여 끝까지 최선을 다해야 만족할 만한 결과를 기대할 수 있다.

■ 면 고르기는 쏟아낸 흙에 오목함과 볼록함의 요철(凹凸)이 없도록 흙 표면을 편평하게 하는 작업이다.

■ 면 고르기 작업은 순서가 있다. 끌면서 면 고르기를 먼저 한다.
- 면 고르기는 두 가지로 분류한다. 끌면서 면 고르기와 밀면서 면 고르기이다.
- 효율적인 버킷 착지를 위해서는 끌면서 면을 고르고 난 다음에 밀어서 면을 고른 후에 버킷을 착지하면 된다.
- 순서가 바뀌면 장비를 펼치는 작업을 한 번 더 해야 한다.

■ 끌면서 고르기 전경

[끌면서 면 고르기 1]

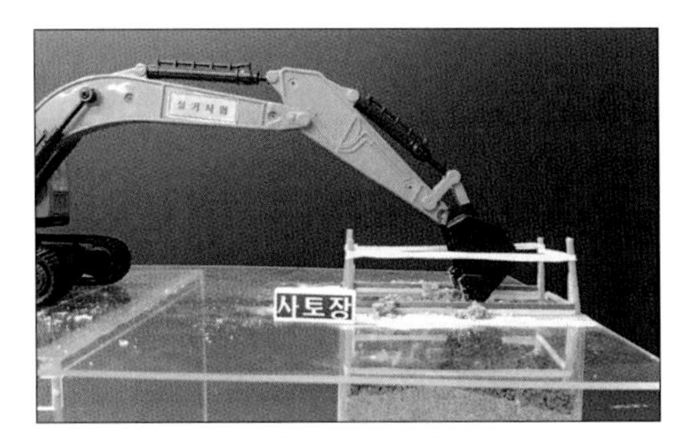

[끌면서 면 고르기 2]

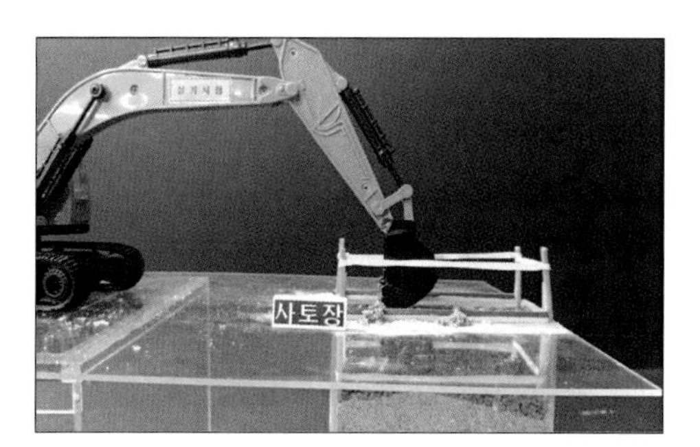

[끌면서 면 고르기 3]

[끌면서 면 고르기 4]

■ 사토장에 쏟아진 흙의 상태에 따라서 적절하게 작업한다.

- 대개는 버킷, 암, 붐을 사토 제한선 근처까지 펼쳐서 연속동작으로 장비를 운전석으로 오므리면서 면 고르기를 한다.
- 「흙 쏟기」에서 면 고르기 작업을 고려해서 작업했다면 쏟아진 흙에 오목함과 볼록함의 요철(凹凸)이 심하지 않아서 면 고르기 작업이 쉬울 것이다.
- 사토장 버킷 작업구역에 흙이 골고루 펼쳐질 수 있도록 작업한다.

■ 면 고르기 작업단계에서 대부분의 응시생은 실격 없이 통과했다는 기쁨과 흥분으로 작업을 서두르는 경우가 많다.

- 권장하는 시간안배 시간표에 의하면 아직도 50초가 남아 있다.
- 따라서 서두르지 말고 면 고르기 작업에 집중한다.

저자 경험

◈ 첫 시험에서 실격은 없었으나, 점수에서 불합격한 원인 중의 하나가 면 고르기 불량이었던 것 같다. 시간적으로 여유가 있었음에도 버킷 착지에 급급해서 사토장 요철을 제대로 처리하지 못했다.

착안 사항

▣ **면 고르기 작업은 필수 작업이다.**

▣ **끌면서 면 고르기 후에 밀면서 면 고르기로 완료한다.**

▣ **시간안배 시간표에 의하면 시간적 여유가 있기 때문에 서두르지 말고 면 고르기 작업에 집중한다.**

16. 밀면서 면 고르기

중요도			대분류	소분류 작업단계		난이도		
상	중	하	면 고르기	16. 밀면서 면 고르기		상	중	하
소요시간			7초	권장 누계 시간		3분 20초		

☞ **요철 없이 편평하게 면 고르기를 해야 한다.**

■ 보통 수험생들은 개인차는 있지만 「끌면서 면 고르기」보다 「밀면서 면 고르기」를 더 어려워하기 때문에 더 많은 연습이 필요하다.

- 끌면서 작업할 때는 버킷과 흙의 상태를 눈으로 보면서 작업하기 때문에 상황변화에 따른 장비 조작의 대처가 가능하다.
- 반면에, 밀면서 작업할 경우에는 버킷 하부상태를 눈으로 볼 수 없어서 감으로 어림잡아서 작업해야 하므로 어려움이 있다.

■ 끌고 밀어서 면 고르기 작업을 완료하였다면 버킷을 약간 들어서 면 고르기 상태를 확인한 후에 버킷을 착지해야 한다.

- 면 고르기 작업 후에도 요철(凹凸)에 변화가 없다면 다시 한번 더 작업하기를 권한다.
- 단, 중간에 별다른 실수가 없어서 시간 지체가 없었던 경우에 한한다. 시간초과가 걱정된다면 수정작업을 권하지 않는다.

■ 밀면서 면 고르기 전경

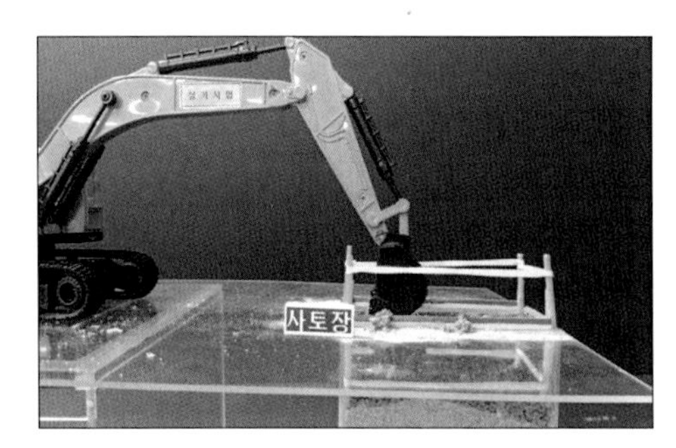

[밀면서 면 고르기 1]

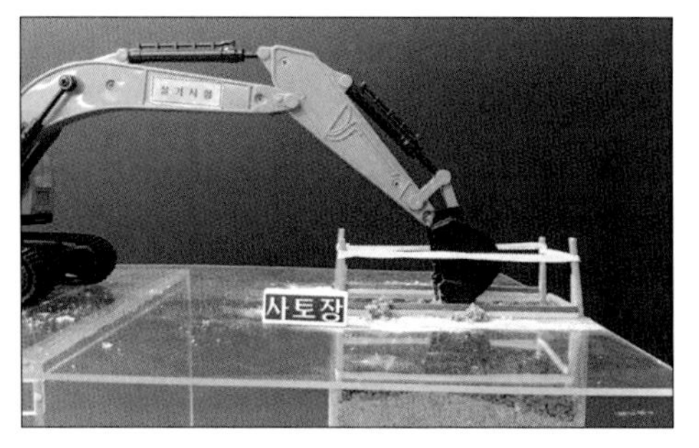

[밀면서 면 고르기 2]

[밀면서 면 고르기 3]

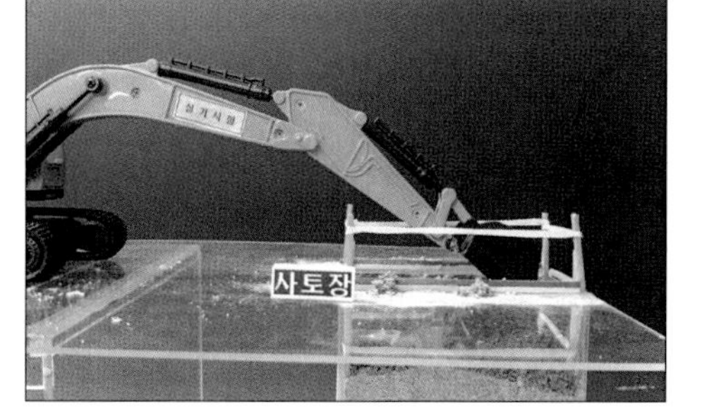

[밀면서 면 고르기 4]

쉬어가기 ◈ 교량 강관파일 기초공사에 투입된 굴삭기

착안 사항

- ▣ **밀면서 면 고르기 작업에는 더 많은 연습이 필요하다.**
- ▣ **요철(凹凸)에 변화가 없다면 여건에 따라 수정작업을 한다.**
- ▣ **수정작업에 자신이 없거나 시간초과가 걱정이 된다면 수정작업을 권하지 않는다.**

17. 면 고르기 상태

중요도			대분류	소분류 작업단계		난이도		
상	중	하	면 고르기	17. 면 고르기 상태		상	중	하
소요시간			-	권장 누계 시간	3분 20초			

■ 흙 쏟기, 면 고르기 작업준비, 끌면서 면 고르기, 밀면서 면 고르기 작업의 결과는 면 고르기 상태로 나타난다.
- 면 고르기 상태는 몇 가지 작업의 복합적인 결과물이다.
- 즉, 실수가 있어도 바로잡을 기회가 있다는 의미이기도 하다.

■ 면 고르기 상태는 최대한 편평하게 해야 한다.
- 가상 제한선 안쪽으로 편중되지 않게 한다.
- 가상 제한선 바깥쪽으로 편중되지 않게 한다.
- 사토장 중앙에 볼록하지 않게 한다.
- 사토장 전체에 요철이 없도록 한다.

■ 면 고르기 사례

[편평한 면]

[편평한 면]

[안쪽에 편중]

[안쪽에 편중]

[중앙에 편중]

[중앙에 편중]

[먼 쪽에 편중]

[먼 쪽에 편중]

■ 면 고르기 상태는 흙의 양과도 밀접한 관계가 있다.

- 사토장에 흙이 많으면 면 고르기 작업이 쉽고 면 고르기 작업에 다소 실수가 있어도 실수가 감춰져서 요철이 생길 확률이 낮다.
- 반면에, 사토장에 흙이 적으면 면 고르기 작업이 어렵고 작업에 실수할 확률과 요철이 생길 확률이 높아진다.

⚠ 유의사항

◈ 굴착작업에서 흙의 양은 매우 중요하다. 다시 강조하지만, 최대한 평삭 이상으로 퍼 담아서 사토장에 쏟아야 한다.

착안사항

▣ 면 고르기 상태를 바로잡을 기회는 몇 번 있다.

▣ 사토장 전체에 전반적으로 요철이 없도록 편평하게 된 면이 가장 바람직한 면 고르기 상태이다.

▣ 요철 없는 면 마무리 작업을 위한 계획과 연습이 필요하다.

18. 버킷 착지

중요도			대분류	소분류 작업단계	난이도		
상	중	하	마무리	18. 버킷 착지	상	중	하
소요시간			5초	권장 누계 시간	3분 25초		

☞ **굴착작업의 실질적인 마지막 작업단계이다.**

■ 버킷은 사토장 버킷 작업구역 안에서 적절히 펼쳐서 착지한다.

- 면 고르기 작업 후에 버킷을 그대로 내려놓는 것은 제대로 된 착지가 아니다.

■ 버킷 착지 사례

[적절히 펼쳐진 버킷]

[펼쳐지지 않은 버킷]

[펼쳐지지 않은 버킷]

[들려 있는 버킷]

착안 사항

- **버킷을 적절히 펼쳐서 착지한다.**
- **버킷을 그대로 내려놓는 것은 적절하지 않다.**
- **버킷 착지 시에도 사토장 제한선 터치에 유의한다.**

19. 엔진출력, 안전레버

중요도			대분류	소분류 작업단계	난이도		
상	중	하	마무리	19. 엔진출력, 안전레버	상	중	하

소요시간	5초	권장 누계 시간	3분 30초

■ 엔진출력 RPM 스위치와 안전레버를 원위치한다.

■ 본인과 시험장 안전을 위하여 마무리 작업에도 순서가 있다.
- 첫째, 엔진출력을 높였던 RPM 스위치를 원위치한다.
- 둘째, 안전레버를 'ㅣ' 모양으로 내려서 잠금(Lock)한다.
- 셋째, 풀린(Unlock) 조정박스를 들어서 잠금(Lock)한다.

■ 조정박스와 안전레버는 안전사고와 직접적인 관련이 있기 때문에 반드시 버킷, 암, 붐이 움직이지 못하도록 조작해야 한다.

■ 엔진출력, 조정박스 및 안전레버 조작 전경

[RPM 스위치 원위치]

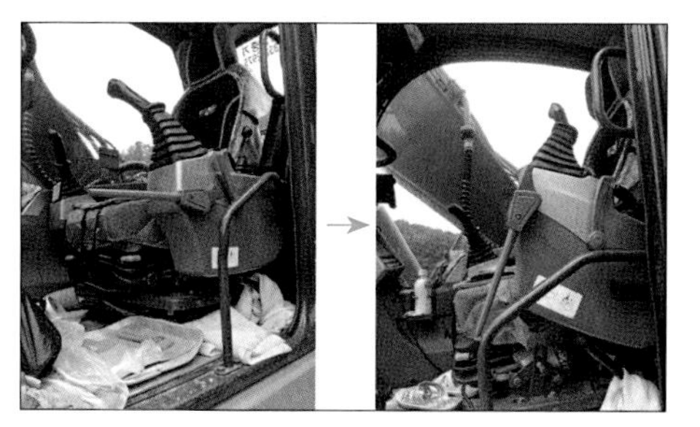

[조정박스 및 안전레버 잠금(Lock)]

※ 안전벨트는 장비 하차 직전에 푼다. 제일 마지막에 푼다.

착안사항

▣ 안전한 마무리를 위해서 마무리에도 순서가 있다.

▣ 안전사고 예방을 위해 조정박스는 들어서 잠금(Lock)하고, 안전레버는 내려서 잠금(Lock)한다.

20. 기어, 브레이크, 안전벨트

중요도			대분류		소분류 작업단계		난이도		
상	중	하	마무리		20. 기어, 브레이크, 안전벨트		상	중	하
소요시간				5초	권장 누계 시간		3분 35초		

■ 굴착작업 중에 긴장해서 본인도 모르게 기어를 체결하거나 브레이크를 해제하는 경우가 종종 있다. 반드시 확인해야 한다.

- 굴착작업에서는 기어, 브레이크는 조작할 필요가 없으나 긴장을 하거나 실수로 만져서 작동하는 경우가 가끔 있다.

■ 기어와 브레이크는 안전사고와 직접 관련이 있기 때문에 반드시 확인한다.

- 꺼진 불도 다시 본다는 마음으로 잠시 확인한다.
- 만약 기어가 체결되어 장비가 움직인다면 조작미숙 등으로 실격될 수 있기 때문에 조심해야 한다.

■ 모든 것이 완료되었다고 판단되면 안전벨트를 푼다.

- 안전벨트는 제일 마지막에 푼다.
- 안전벨트를 풀면 암묵적으로 작업종료 의사표시를 하는 것이다.

쉬어가기 ◈ 영혼이 자유로운 갈매기와 하늘과 바다

착안 사항

- ▣ 안전사고와 관련 있는 기어, 브레이크를 확인한다.
- ▣ 장비가 움직이면 조작미숙 등으로 실격될 수 있다.
- ▣ 안전벨트는 제일 마지막에 푼다.

21. 정리 및 하차

중요도			대분류	소분류 작업단계	난이도		
상	중	하	마무리	21. 정리 및 하차	상	중	하
소요시간			5초	권장 누계 시간	3분 40초		

■ 하차 전에는 마지막으로 정리하고 하차한다.

■ 수험생 본인도 모르게 조작된 스위치 등이 있는지 확인한다.
- 방향 지시등이 깜빡이고 있는지 여부, 작업등이 켜져 있는지 여부.
- 와이퍼 작동 여부 등등.

■ 작업완료에 들떠서 서둘지 말고 안전하게 장비에서 하차한다.
- 코스운전과 굴착작업 모두를 통과했다는 흥분된 기분으로 운전석에서 앞으로 뛰어내리는 경우가 있는데 이는 매우 위험한 행동이다.
- 장비를 탈 때는 앞으로 타고 내릴 때는 안전하게 뒤로 내린다.
- 반드시 안전 손잡이나 난간을 잡고 내린다.

[안전하게 뒤돌아서 하차 1]

[안전하게 뒤돌아서 하차 2]

■ 장비에서 안전하게 내렸다면 시험 진행 관계자(감독위원, 관리위원, 진행요원)에게 수고의 의미로 목례로 마무리하기를 권한다.
- 하차 후에 다시 승차하는 것은 거의 불가능하다. 신중하게 결정한다.

착안 사항

▣ 합격보다 중요한 것은 나의 안전이다. 천천히 하차한다.
▣ 하차는 반드시 안전 손잡이를 잡고 뒤로 내린다.
▣ 하차 후에는 다시 승차하는 것은 거의 불가능하다.

5. 요약정리

01. 시험시작 전 준비

중요도			대분류	소분류 작업단계	난이도		
상	중	하	작업준비	01. 시험시작 전 준비	상	중	하

시험장 둘러보기

준비된 장비 확인하기

- 규정된 복장을 착용한다(긴 소매, 긴 바지, 운동화).
- 시험장 둘러보기 및 다른 수험생을 모니터링한다.
  - 시험장에 준비된 장비가 평소 연습한 장비와 차이가 있는지.

02. 탑승 전 준비

중요도			대분류	소분류 작업단계	난이도		
상	중	하	작업준비	02. 탑승 전 준비	상	중	하

흙 부족한 토취장

흙 보충한 토취장

- 진행요원의 장비설명과 시범을 유심히 살피고 의문사항은 질의한다.
- 물기가 많은지, 점성토인지, 사질토인지 등 흙의 상태를 확인한다.
- 토취장과 사토장 중간에 블레이드로 잘 고정되어 있는지 확인한다.
- 흙양을 확인하고 부족할 경우 보충을 요구한다.

03. 탑승 후 준비

중요도			대분류	소분류 작업단계	난이도		
상	중	하	작업준비	03. 탑승 후 준비	상	중	하

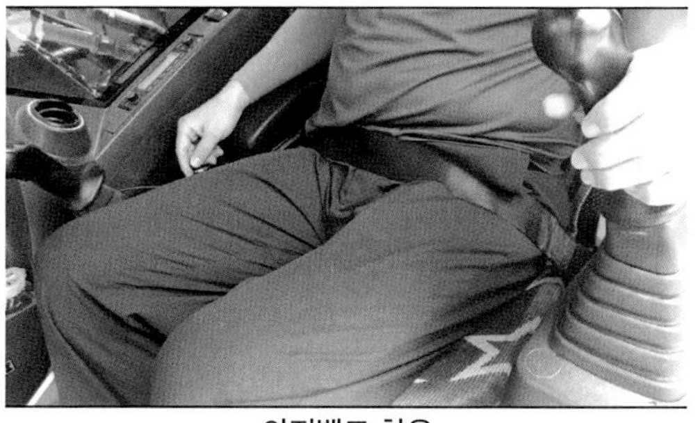

안전벨트 착용

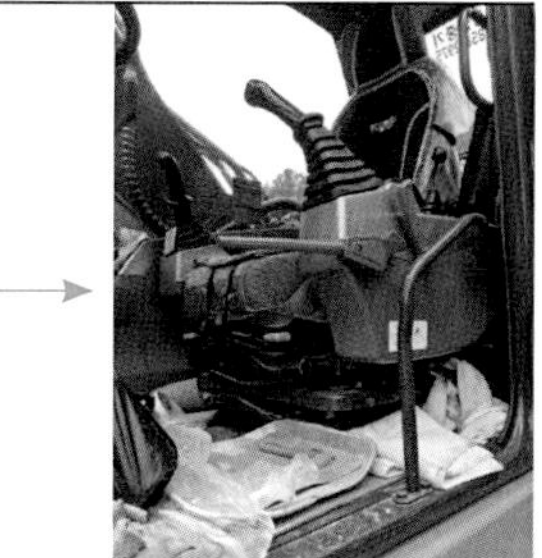

풀림된 조정박스와 안전레버

▸▸▸ 제일 먼저 안전벨트를 착용하고 브레이크 체결 여부를 확인한다.

- 작업 중에 장비가 움직이면 조작미숙 등으로 실격될 수 있다.

▸▸▸ 조정박스 눌러 풀림→안전레버 들어 풀림→RPM 조작

▸▸▸ 작업 의사표시 전에 조작한다.

- 의사표시 후에는 제한 시간이 측정된다. 몇 초라도 아낄 수 있다.

04. 작업 의사표시

중요도			대분류	소분류 작업단계	난이도		
상	중	하	작업준비	04. 작업 의사표시	상	중	하

손들어 작업 의사표시

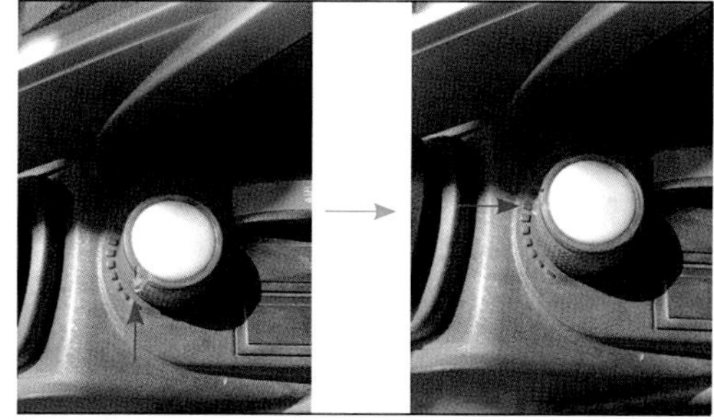

RPM 조작

▸▸▸ 코스운전과 달리 작업 의사표시를 하는 것과 동시에 제한 시간이 시작된다.

- 손을 들어 의사표시를 하고 감독위원의 호각신호에 따라서 시작한다.

▸▸▸ 굴착작업 준비가 모두 완료된 후에 작업 의사표시를 해야 한다.

05. 흙 파기

중요도			대분류	소분류 작업단계	난이도		
상	중	하	흙 파기	05. 흙 파기	상	중	하

토취장

버킷, 암, 붐 펼친 상태

- 토취장 4면에 설정된 토취 제한선에 접촉하면 라인터치로 실격이다.
  - 끈으로 설치되어 있지 않은 가상 제한선에 특히 유의해야 한다.
- 토취장 흙 파기는 연속동작으로 꼭 4회를 해야 한다.
- 흙이 가장 많은 첫 번째 굴착에서는 꼭 평삭 이상으로 해야 한다.
  - 평삭 이상이 아니면 다시 굴착하기를 권한다.

06. 평삭 버킷

중요도			대분류	소분류 작업단계	난이도		
상	중	하	흙 파기	06. 평삭 버킷	상	중	하

평삭 버킷

고봉 버킷

- 4회 흙 파기에서 이상적인 흙양은 4회 모두 평삭 이상이다.
  - 평삭으로 흙을 파서 담으려면 고봉을 목표로 한다.
- 흙양을 고려한 4회 평삭을 위한 버킷의 굴착깊이는 1.5~2.0m이다.

07. 흙 파기 후 회전

중요도			대분류	소분류 작업단계	난이도		
상	**중**	하	흙 파기	07. 흙 파기 후 회전	**상**	중	하

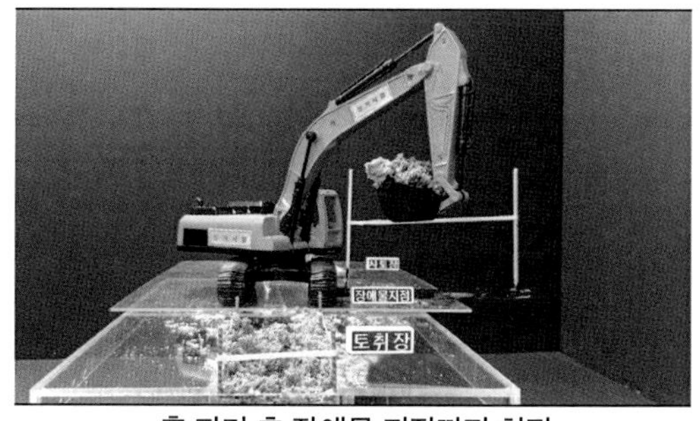

흙 파기 후 장애물 지점까지 회전

장애물 지점에서 사토장까지 회전

▸▸▸ 버킷이 평삭일 때 회전을 하고 흙이 부족하면 보충 작업을 한다.

▸▸▸ 장애물 지점을 자연스럽게 통과하기 위해서는 버킷 높이가 중요하다.

▸▸▸ 평삭 버킷은 무겁기 때문에 요동치지 않도록 조심한다.

▸▸▸ 버킷을 올릴 때와 내릴 때는 연속동작, 이동 중에는 단속동작을 권한다.

08. 평삭 버킷 회전구역 통과

중요도			대분류	소분류 작업단계	난이도		
상	중	하	흙 파기	08. 평삭 버킷 회전구역 통과	상	**중**	하

장애물 지점 정면

장애물 지점 측면

▸▸▸ 장애물 회전구역의 상하한 제한선 접촉에 유의해야 한다.

- 회전구역은 장비제원에 따라 다를 수 있다.

▸▸▸ 버킷 회전구역을 정확히 이해하고 버킷, 암, 붐의 조작상태를 익힌다.

▸▸▸ 상하한 제한선의 중간 통과를 목표로 하고 보이지 않는 상한선에 유의한다.

09. 흙 쏟기 준비

중요도			대분류	소분류 작업단계	난이도		
상	중	**하**	흙 파기	09. 흙 쏟기 준비	상	중	**하**

흙 쏟기 준비 정면

흙 쏟기 준비 측면

- 회전구역 통과 후에 연속동작으로 바로 쏟기보다는 준비가 필요하다.
- 사토장 상부에서 버킷 작업공간에 정확히 자리를 잡고 흙의 양과 요철 상태 등에 따라 흙 쏟기 계획을 수립한다.
- 토취장과 마찬가지로 가상 제한선에 유의한다.

10. 흙 쏟기

중요도			대분류	소분류 작업단계	난이도		
상	중	하	흙 쏟기	10. 흙 쏟기	상	**중**	하

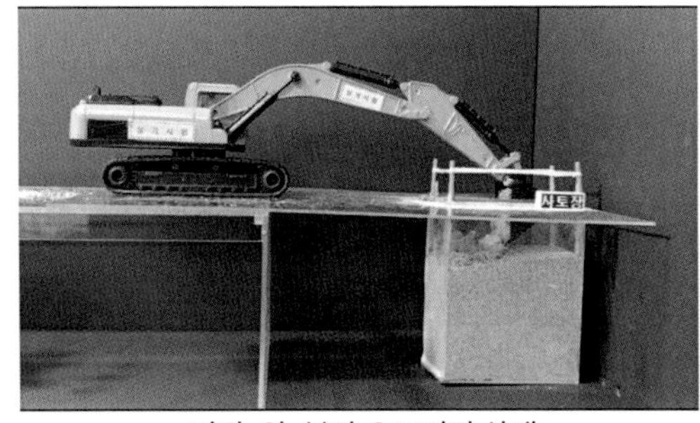

버킷, 암, 붐이 오므려진 상태

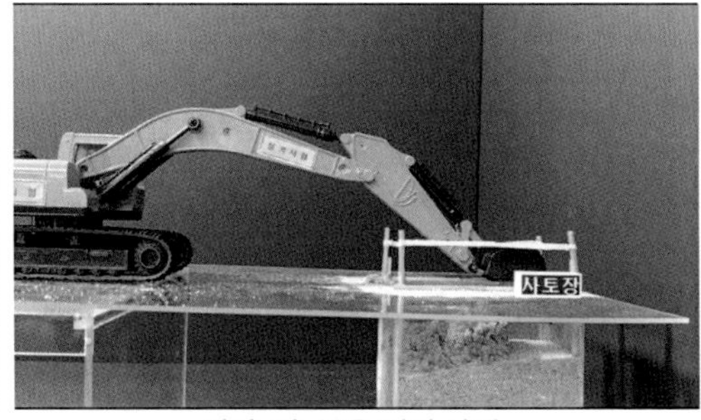

버킷, 암, 붐을 펼친 상태

- 쏟기 중에 사토 제한선에 접촉하면 라인터치로 실격될 수 있다.
- 한 곳에 집중하지 말고 편평하게 분산해서 흙을 쏟는다.
  - 흙 쏟기 상태는 면 고르기에 직접적인 영향을 미친다.
- 흙 쏟기는 오므려진 버킷, 암, 붐을 펼치면서 연속동작으로 작업한다.

11. 빈 버킷

중요도			대분류	소분류 작업단계	난이도		
상	중	하	흙 쏟기	11. 빈 버킷	상	중	하

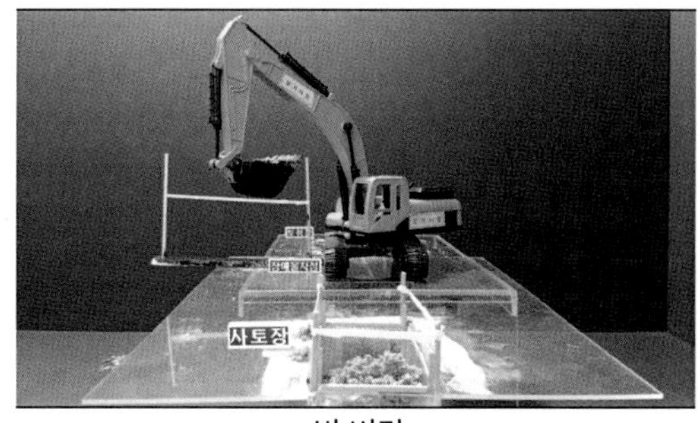

빈 버킷

빈 버킷

- 빈 버킷은 평삭 버킷과 상반되는 상태로 흙을 완전히 비우는 것이다.
- 버킷을 밑으로 펼친 상태에서는 버킷 내부를 볼 수 없다. 펼쳤다가 다시 오므린 상태에서 흙이 있으면 다시 비우는 것이 바람직하다.
- 조작미숙으로 쏟은 흙을 다시 버킷에 담지 않도록 조심한다.

12. 흙 쏟기 후 회전

중요도			대분류	소분류 작업단계	난이도		
상	중	하	흙 쏟기	12. 흙 쏟기 후 회전	상	중	하

사토장→장애물 지점 회전

장애물 지점→토취장 회전

- 흙이 없는 가벼운 버킷을 회전하는 것이다.
- 버킷, 암, 붐이 회전구역의 상하한 제한선과 내외측 장대에 접촉되지 않도록 해야 한다.
- 버킷을 올릴 때와 내릴 때는 연속동작, 이동 중에는 단속동작을 권한다.

13. 빈 버킷 회전구역 통과

중요도			대분류	소분류 작업단계	난이도		
상	중	하	흙 쏟기	13. 빈 버킷 회전구역 통과	상	중	하

회전구역 장대 접촉

회전구역 장대 접촉

▸▸▸ 장애물 지점과 버킷 회전구역에 대한 정확한 이해가 필요하다.

- 상한선, 하한선 제한선 접촉에 의한 실격.
- 안쪽 장대와 바깥쪽 장대 접촉에 의한 실격.

▸▸▸ 장애물 지점의 장대높이는 붐을 최대한 세우고 암을 최대한 오므린 상태에서 버킷 연결핀까지의 높이이다.

14. 면 고르기 준비

중요도			대분류	소분류 작업단계	난이도		
상	중	하	흙 쏟기	14. 면 고르기 준비	상	중	하

흙 쏟기 직전

면 고르기 준비

▸▸▸ 흙 쏟기 후 바로 면 고르기 작업을 하기보다는 준비과정이 필요하다.

▸▸▸ 버킷, 암, 붐이 오므려진 상태, 흙 쏟기 전의 사토장의 상황을 살핀다.

- 쏟은 흙에 요철이 있는지, 가상 제한선은 잘 보이는지 등.

15. 끌면서 면 고르기

중요도			대분류	소분류 작업단계	난이도		
상	중	하	면 고르기	15. 끌면서 면 고르기	상	중	하

끌면서 면 고르기 1

끌면서 면 고르기 2

- 면 고르기 작업은 필수 작업이다. 대충 흉내만 내서는 안 된다.
- 면 고르기 작업은 순서가 있다. 끌면서 면 고르기 후 밀면서 한다.
- 버킷, 암, 붐을 사토 제한선 근처까지 펼쳐서 연속동작으로 오므리면서 면 고르기를 한다.

16. 밀면서 면 고르기

중요도			대분류	소분류 작업단계	난이도		
상	중	하	면 고르기	16. 밀면서 면 고르기	상	중	하

밀면서 면 고르기 1

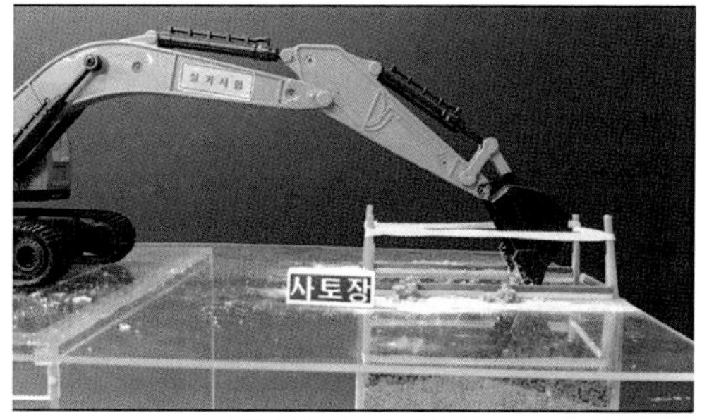

밀면서 면 고르기 2

- 끌면서 면 고르기보다 밀면서 면 고르기에 더 많은 연습이 필요하다.
- 끌고 밀어서 면 고르기 후에 버킷을 약간 들어서 면 고르기 상태를 확인한 후에 버킷 착지를 준비한다.
- 요철(凹凸)에 변화가 없다면 여건에 따라서 다시 작업한다.

17. 면 고르기 상태

중요도			대분류	소분류 작업단계	난이도		
상	중	하	면 고르기	17. 면 고르기 상태	**상**	중	하

요철이 없는 면 고르기

요철이 있는 면 고르기

- 면 고르기 상태는 몇 가지 작업의 복합적인 결과물이다.
- 요철 없는 면 마무리 작업을 위해서는 계획과 연습이 필요하다.
- 빨리 마치기보다는 면에 요철이 있으면 수정하기를 권한다.
  - 평소 연습대로 했다면 제한 시간 4분에는 여유가 있다.

18. 버킷 착지

중요도			대분류	소분류 작업단계	난이도		
상	중	하	마무리	18. 버킷 착지	상	**중**	하

적절하게 펼쳐진 버킷 착지

부적절하게 오므린 버킷 착지

- 면 고르기 후에 버킷을 착지하면 시험이 끝난다.
- 면 고르기 후에 버킷을 그대로 내려놓는 것은 바람직하지 않다.
- 버킷, 암, 붐을 펼쳐서 제한선 터치에 유의하면서 착지한다.

19. 엔진출력, 안전레버

중요도			대분류	소분류 작업단계	난이도		
상	중	하	마무리	19. 엔진출력, 안전레버	상	중	하

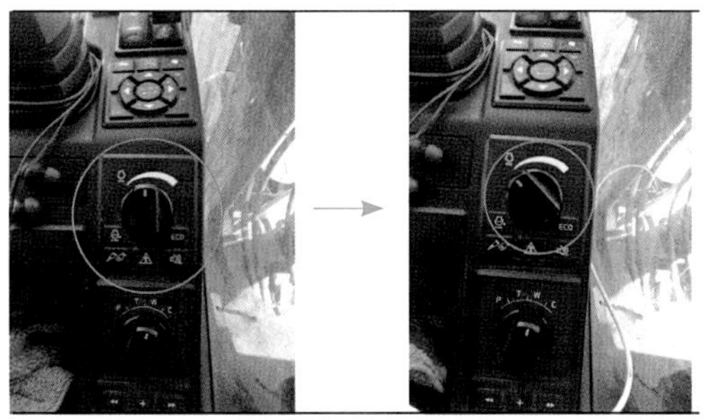

엔진출력 RPM 원위치

조정박스, 안전레버 원위치

- 엔진출력을 위해 높였던 RPM 스위치를 반드시 원위치한다.
- 버킷, 암, 붐을 작동했던 조정박스와 안전레버를 원위치로 잠금(Lock)한다.
  - 안전레버를 'ㅣ' 형태로 눌러서 내리고 조정박스는 들어 올린다.
  - 안전사고와 관련이 있기 때문에 버킷, 암, 붐이 움직이지 못하게 조정박스와 안전레버를 반드시 잠금(Lock)해야 한다.

20. 기어, 브레이크, 안전벨트

중요도			대분류	소분류 작업단계	난이도		
상	중	하	마무리	20. 기어, 브레이크, 안전벨트	상	중	하

기어 중립

브레이크 체결

- 본인도 모르게 기어가 체결되어 있는지 확인한다.
- 본인도 모르게 브레이크가 해제되어 있는지 확인한다.
- 모든 것이 확인되면 안전벨트를 풀고 내릴 준비를 한다.

21. 정리 및 하차

중요도			대분류	소분류 작업단계	난이도		
상	중	하	마무리	21. 정리 및 하차	상	중	하

안전하게 하차 1

안전하게 하차 2

- 합격보다 중요한 것이 나의 안전이다. 천천히 하차한다.
- 작업완료에 들떠서 서둘지 말고 안전하게 뒤돌아서 하차한다.
  - 운전석에서 앞으로 뛰어내리는 행동은 매우 위험하다.
- 하차 후에 다시 승차하는 것은 불가능하다. 신중하게 결정한다.

쉬어가기 ◈ 이리저리 떠돌아다니는 직장이다 보니 지금은 포항에서 근무하고 있다. 하늘빛과 바다가 너무너무 아름답다.

시간안배 시간표와 가상 Point

캄차카 여행 중에

1. 정의 및 목적

01. 시간안배 시간표

■ 시간안배는 제한 시간을 효율적으로 사용하기 위하여 작업단계별로 작업특성에 맞게 시간을 배분하는 것이다.

- 코스운전은 제한 시간이 2분이고, 18개 작업에 대하여 시간을 효율적으로 배분한다.
- 굴착작업은 제한 시간이 4분이고, 21개 작업에 대하여 시간을 효율적으로 배분한다.

■ 시간안배 시간표는 작업단계별로 배분된 시간을 집계하여 표로 만든 것이다.

■ 시간안배 시간표의 목적은 제한 시간을 효율적으로 사용하기 위하여 목표 시간을 설정하는 것이다.

- 각각의 작업마다 목표 시간을 정하고 합산하여 총 목표 시간을 설정함으로써 제한 시간을 초과하지 않고 효과적인 시간사용이 가능하다.

■ 제시하는 시간안배 시간표는 참고용이다. 시행착오와 연습을 통하여 수험생에게 알맞은 시간안배 시간표를 만들어야 한다.

02. 가상 Point

■ 가상 Point는 수험생 본인이 스스로를 객관적으로 평가하기 위하여 저자가 창작하여 고안한 것이다.

■ 각각의 작업에 대하여 평가하고 집계하여 평균 Point를 통해 총괄적으로 수험생의 준비상태를 평가하는 것이다.

- 평가결과는 절대적인 것이 아니며 다만 현재 상황을 가늠해 보는 것이다.

■ 가상 Point의 목적은 합격 가능성을 확인하는 것이 절대 아니다.

- Point를 후하게 주기보다는 기본과 원칙에 근거하여 냉철하게 평가하고 문제점에 대해서는 효율적으로 대비하는 것이 바람직하다.

2. 코스운전 시간안배 시간표(제한 시간 2분)

작업단계	누계 주행거리	누계 주행 시간	소요 시간 (누계)	권장 누계 시간
① 시험시작 전 준비			30분	
② 탑승 전 준비			최소 0분 최대 48분	
③ 탑승 후 준비			15초	
④ 출발 의사표시			5초	
⑤ 코스 출발			5초	
⑥ 출발선 통과	00.0m	00초	0초(0초)	000초
⑦ 정지선 정차	12.5m	23초	3초(3초)	026초
⑧ 전진주행	25.0m	45초	0초(3초)	048초
⑨ 도착선 정차	25.0m	45초	3초(6초)	051초
⑩ 도착선 후진통과	25.0m	45초	3초(9초)	054초
⑪ 정지선 후진통과	37.5m	68초	0초(9초)	077초
⑫ 후진주행	50.0m	90초	0초(9초)	099초
⑬ 종료선 후진통과	50.0m	90초	0초(9초)	099초
⑭ 주차구역	50.0m	90초	0초(9초)	099초
⑮ 주차선	50.0m	90초	0초(9초)	099초
⑯ 주차	50.0m	90초	5초(14초)	104초
⑰ 기어, 브레이크, 안전벨트	50.0m	90초	3초(17초)	107초
⑱ 정리 및 하차	50.0m	90초	3초(20초)	110초

01. 누계 주행거리 및 누계 주행 시간

■ 누계 주행거리는 차로 중심선의 거리이다.

- 전진주행(25m)+후진주행(25m)=총 주행거리 50m
- 주차구역, 도착선 통과 이후의 주행거리는 포함하지 않는다.

■ 주행 시간은 제한 시간에서 남긴 30초를 제외하고 역산으로 계산한다.

- (25.0×2)m÷90s=0.55m/s(1초에 0.55m, 2초에 1.1m의 속도)
- 보통 걸음의 속도가 1초에 1m 정도임을 감안하면 느린 속도이다.

02. 소요 시간

■ 소요 시간은 브레이크 체결, 기어변속 등 작업에 필요한 시간이다.

- 실제 조작보다 여유 있는 시간이다.

03. 권장 누계 시간

■ 권장 누계 시간은 「주행 시간+소요 시간」이다.

- 권장 시간을 참고해서 응시생 본인에게 적합한 시간을 찾아야 한다.

04. 목표 시간 및 여유 시간

■ 코스운전 제한 시간은 120초이고, 목표 시간은 110초이다.

- 목표 대비 10초의 여유가 있다.
- 실제 시험에서는 서두르는 경향이 있어서 빨리 마치기 때문에 10초 내외의 숨어 있는 여유가 있을 가능성이 크다.

■ 처음부터 남긴 10초+숨어있는 여유 시간+종료선 통과 이후의 여유 시간을 합치면 약 20초 내외의 여유 시간이 있다.

- 여유 시간 20초면 한두 번 정도의 실수를 수정할 기회가 있다.

05. 기타

- ①~⑤는 제한 시간에 포함되지 않는 시간이다.
- 제한 시간의 범위를 ⑥~⑱까지 관리하기를 권한다.
  - 왜냐하면, 종료선 통과 이후에 주차 수정 등을 할 수 있기 때문이다.
- 합격을 위해서는 실수 없이 천천히 시험에 응할 것을 권하며 실수했을 시에는 한 번에 제대로 수정을 완료하는 것이 바람직하다.

참고 사항

◈ 제시한 시간안배 시간표는 저자의 자의적인 분석에 의한 결과물이다. 참고하여 수험생 본인에게 적합한 「나만의 코스운전 시간안배 시간표」를 찾아야 한다.

3. 코스운전 가상 Point(예시)

작업단계	가상 Point				
	매우 우수	우수	보통	미흡	매우 미흡
① 시험시작 전 준비	10	8	6	4	2
② 탑승 전 준비	10	8	6	4	2
③ 탑승 후 준비	10	8	6	4	2
④ 출발 의사표시	10	8	6	4	2
⑤ 코스 출발	10	8	6	4	2
⑥ 출발선 통과	10	8	6	4	2
⑦ 정지선 정차	10	8	6	4	2
⑧ 전진주행	10	8	6	4	2
⑨ 도착선 정차	10	8	6	4	2
⑩ 도착선 후진통과	10	8	6	4	2
⑪ 정지선 후진통과	10	8	6	4	2
⑫ 후진주행	10	8	6	4	2
⑬ 종료선 후진통과	10	8	6	4	2
⑭ 주차구역	10	8	6	4	2
⑮ 주차선	10	8	6	4	2
⑯ 주차	10	8	6	4	2
⑰ 기어, 브레이크, 안전벨트	10	8	6	4	2
⑱ 정리 및 하차	10	8	6	4	2
Point 합계	10 + 32 + 36 + 12 + 8 = 98Point				
Point 평균	**Point 합계÷18 = 98÷18 = 5.4Point 평균 6Point 미만이라서 많은 연습 필요**				

01. 가상 Point 측정방법

- 18개 모든 작업단계별로 냉철하게 감독위원의 관점에서 평가한다.
  - 시험과 직접적으로 관계없는 작업단계에 대해서도 평가하기를 권한다.
  - 간접적인 사항이 시험에 영향을 미칠 수 있기 때문이다.
- 매우 우수부터 매우 미흡까지 5등급 절대평가이다.
  - 스스로를 냉철하게 판단함에 있어서 본인이 생각하는 것보다 항상 한 단계 밑으로 평가하기를 권한다.
  - 일반적으로 자기평가는 제삼자보다 후하게 평가하는 경향이 있기 때문이다.
- 18개 작업단계에 대한 Point를 합산하여 평균 Point를 산출한다.
  - 낮은 값에 대하여 실망할 필요는 없다.
  - 준비와 연습을 통하여 개선하고 발전하는 데 의의가 있는 것이다.

02. 가상 Point 결과활용

- 평균 6Point 이상이면 부족한 부분에 대한 집중 연습이 필요하다.
- 평균 6Point 미만은 시행착오를 통한 작업단계별 대책과 충분한 연습이 필요하다.
- 별지에 첨부된 「나만의 가상 Point」를 적극적으로 활용하여 반복적으로 스스로를 평가함으로써 평균 Point를 점차 높여가야 한다.
  - 시간이 지남에 따라서 평균 Point가 높아지는 것을 경험하게 될 것이다.

※ 몇 번을 설명하지만, 가상 Point는 '지피지기 백전백승'을 위하여 나를 대충 아는 것이 아니고 세분화하여 객관적으로 나를 분석하는 것이다.

⚠ 유의사항

◈ 가상 Point는 수험생 본인이 스스로를 자율적으로 평가하는 것이다. 현재의 상태를 제대로 진단하여 장단점을 분석함으로써 불합격할 확률을 줄이는 것이다.

4. 굴착작업 시간안배 시간표[제한 시간 4분]

작업단계	작업횟수	작업 시간 소요 시간	권장 누계 시간
① 시험시작 전 준비		30분	
② 탑승 전 준비		최소 0분 최대 100분	
③ 탑승 후 준비		15초	
④ 작업 의사표시		**00초**	**0분 00초**
⑤ 흙 파기			
⑥ 평삭 버킷	**1회**	**45초**	**0분 45초**
⑦ 흙 파기 후 회전			
⑧ 평삭 버킷 회전구역 통과	**2회**	**45초**	**1분 30초**
⑨ 흙 쏟기 준비			
⑩ 흙 쏟기	**3회**	**45초**	**2분 15초**
⑪ 빈 버킷			
⑫ 흙 쏟기 후 회전	**4회**	**45초**	**3분 00초**
⑬ 빈 버킷 회전구역 통과			
⑭ 면 고르기 준비		**05초**	**3분 05초**
⑮ 끌면서 면 고르기		**08초**	**3분 13초**
⑯ 밀면서 면 고르기		**07초**	**3분 20초**
⑰ 면 고르기 상태		**00초**	**3분 20초**
⑱ 버킷 착지		**05초**	**3분 25초**
⑲ 엔진출력, 안전레버		**05초**	**3분 30초**
⑳ 기어, 브레이크, 안전벨트		**05초**	**3분 35초**
㉑ 정리 및 하차		**05초**	**3분 40초**

01. 작업 시간

■ 파기와 쏟기의 반복 작업횟수는 총 4회이다.

- 반드시 4회를 수행해야 하고 초과할 필요는 없다.

■ 1회 작업 시간은 토취장에서 흙을 파서 사토장에 쏟고 다시 토취장으로 돌아오는 45초이다.

- 본체가 회전하는 각도는 왕복이므로 180° + 180° = 360°이다.
- 흙 파기 20초 + 흙 쏟기 15초 + 왕복회전 10초 = 45초

■ 작업 시간은 제한 시간 4분에서 20초를 여유 시간으로 남겨서 제외하고 역산으로 계산하였다.

- 1회 작업에 각 45초 = 45 × 4회 = 180초 = 3분

02. 소요 시간

■ 소요 시간은 작업횟수에 따른 작업 시간 이외의 시간이다.

- 작업을 위해서 레버 등을 조작하는 시간이다.

■ 제한 시간 4분에서 작업 시간 3분과 제한 시간에서 남긴 20초를 빼면 소요 시간은 40초이다.

- 소요 시간 = 4분 - 3분(작업 시간)-20초(남긴 여유 시간) = 40초

03. 권장 누계 시간

■ 권장 누계 시간 = 작업 시간 + 소요 시간 = 3분 + 40초 = 3분 40초

- 권장 시간을 참고해서 응시생 본인에게 적합한 시간을 찾아야 한다.
- 권장 누계 시간은 제한 시간을 기준으로 20초의 여유 시간이 있다.

04. 목표 시간 및 여유 시간

■ 목표 시간은 3분 40초이다.

- 연습과 달리 실제 시험에서는 서두르는 경향이 있어서 목표 시간보다 빨리 마치기 때문에 20초 내외의 숨어 있는 여유가 있을 수 있다.

■ 처음부터 남긴 20초+숨어있는 여유 시간+버킷 착지 이후의 여유 시간을 합치면 약 40초 내외의 여유 시간이 있다.

05. 기타

■ ①~③은 제한 시간에 포함되지 않는 시간이며 참고를 권한다.

■ 제한 시간의 범위는 ④~㉑까지 관리하기를 권한다.

- 착지 이후에 안전레버 조작 등의 실수가 있거나 면 마무리 수정 등의 추가적인 작업이 있을 수도 있기 때문이다.

참고 사항

◈ 제시한 시간안배 시간표는 저자의 자의적인 분석에 의한 결과물이다. 참고하여 수험생 본인에게 적합한 「나만의 굴착작업 시간안배 시간표」를 찾아야 한다.

5. 굴착작업 가상 Point(예시)

작업단계	가상 Point				
	매우 우수	우수	보통	미흡	매우 미흡
① 시험시작 전 준비	10	8	6	4	2
② 탑승 전 준비	10	8	6	4	2
③ 탑승 후 준비	10	8	6	4	2
④ 작업 의사표시	10	8	6	4	2
⑤ 흙 파기	10	8	6	4	2
⑥ 평삭 버킷	10	8	6	4	2
⑦ 흙 파기 후 회전	10	8	6	4	2
⑧ 평삭 버킷 회전구역 통과	10	8	6	4	2
⑨ 흙 쏟기 준비	10	8	6	4	2
⑩ 흙 쏟기	10	8	6	4	2
⑪ 빈 버킷	10	8	6	4	2
⑫ 흙 쏟기 후 회전	10	8	6	4	2
⑬ 빈 버킷 회전구역 통과	10	8	6	4	2
⑭ 면 고르기 준비	10	8	6	4	2
⑮ 끌면서 면 고르기	10	8	6	4	2
⑯ 밀면서 면 고르기	10	8	6	4	2
⑰ 면 고르기 상태	10	8	6	4	2
⑱ 버킷 착지	10	8	6	4	2
⑲ 엔진출력, 안전레버	10	8	6	4	2
⑳ 기어, 브레이크, 안전벨트	10	8	6	4	2
㉑ 정리 및 하차	10	8	6	4	2
Point 합계	40 + 40 + 36 + 16 + 4 = 136Point				
Point 평균	**Point 합계 ÷ 21 = 136÷21 = 6.48Point 평균 6Point 이상이므로 반복적인 연습 필요**				

01. 가상 Point 측정방법

- 21개 모든 작업단계별로 냉철하게 감독위원의 관점에서 평가한다.
  - 시험과 직접적으로 관계없는 작업단계에 대해서도 평가하기를 권한다.
  - 간접적인 사항이 시험에 영향을 미칠 수 있기 때문이다.
- 매우 우수부터 매우 미흡까지 5등급 절대평가이다.
  - 스스로를 냉철하게 판단함에 있어서 본인이 생각하는 것보다 항상 한 단계 밑으로 평가하기를 권한다.
  - 일반적으로 자기평가는 제삼자보다 후하게 평가하는 경향이 있기 때문이다.
- 21개 작업단계에 대한 Point를 합산하여 평균 Point를 산출한다.
  - 낮은 값에 대하여 실망할 필요는 없다.
  - 준비와 연습을 통하여 개선하고 발전하는 데 의의가 있는 것이다.

02. 가상 Point 결과활용

- 평균 6Point 이상이면 부족한 부분에 대한 집중 연습이 필요하다.
- 평균 6Point 미만은 시행착오를 통한 작업단계별 대책과 충분한 연습이 필요하다.
- 별지에 첨부된 「나만의 가상 Point」를 적극적으로 활용하여 반복적으로 스스로를 평가함으로써 평균 Point를 점차 높여가야 한다.
  - 시간이 지남에 따라서 평균 Point가 높아지는 것을 경험하게 될 것이다.

⚠ 유의사항

◈ 가상 Point는 수험생 본인이 스스로를 자율적으로 평가하는 것이다. 현재의 상태를 제대로 진단하여 장단점을 분석함으로써 불합격할 확률을 줄이는 것이다.

V

발굴

캄차카 여행 중에

1. 자격증 발급

01. 상장형 자격증 발급

■ 발급처: 한국산업인력공단 큐넷 홈페이지(www.q-net.or.kr)

■ 발급절차

① 큐넷 홈페이지에 접속

② 회원가입 후 로그인

③「자격증/확인서」클릭

④「자격증 발급」클릭 후「자격증 발급신청」클릭

⑤「상장형 자격증 신청하기」클릭

⑥ 신청서 작성

⑦ 상장형 자격증 출력

■ 회원가입 후에 신청과 발급이 가능하다.

■ 상장형 자격증 발급이 원칙이다. 인터넷으로 신청하고 자기 프린터를 통해서 무료로 즉시 발급(출력)할 수 있다.

■ 기존의 수첩형 자격증과 동일한 법적 효력이 있어서 경력 및 학점 인정 등을 위한 자격증 제출 시 활용 가능하다.

■ 유의사항

- 사전에 공단에서 확인한 사진이 등록된 경우에만 발급 가능하며, 발급 시 사진 변경은 불가능하다.
- PC 및 프린터 환경에 따라서 색상 등이 다를 수 있다.

■ 상장형 자격증

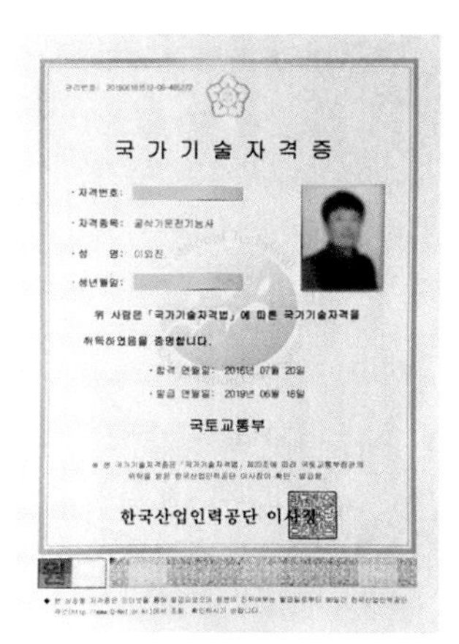

국가기술자격증

· 자격번호:

· 자격종목:

· 성 명:

· 생년월일:

위 사람은 「국가기술자격법」에 따른 국가기술자격을 취득하였음을 증명합니다.

· 합격 연월일: 2016년 07월 20일

· 발급 연월일: 2019년 06월 18일

국토교통부

한국산업인력공단 이사장

수수료 없이 횟수에 제한 없이 출력이 가능하지만 한 번 신청을 하면 한 장만 출력이 가능하다. 여러 장을 출력하려면 여러 번 신청해야 한다.

인터넷을 통해서 발급된 상장형 자격증의 진위 여부는 발급일로부터 90일간 한국산업인력공단 큐넷에서 조회, 확인 가능하다.

02. 수첩형 자격증 발급

■ 발급처: 한국산업인력공단 큐넷 홈페이지(www.q-net.or.kr)

■ 발급절차

① 큐넷 홈페이지에 접속

② 회원가입 후 로그인

③ 「자격증/확인서」 클릭

④ 「자격증 발급」 클릭 후 「자격증 발급신청」 클릭

⑤ 「수첩형 자격증 신청하기」 클릭

⑥ 신청서 작성

⑦ 수첩형 자격증 수령(우편 또는 직접 방문하여 수령)

■ 수첩형은 선택사항이고 소장을 원할 경우 발급받는다.

■ 발급 수수료가 있고 배송비도 응시생이 부담한다.

■ 유의사항

- 사전에 공단에서 확인한 사진이 등록된 경우에만 발급

- 신청 5일 후에 우편 수령 가능(토, 일, 공휴일 제외)
- 배송기간 중 자격증이 필요한 경우에는 상장형을 발급해서 활용
- 공단(지부, 지사) 방문 발급을 할 경우에는 신분증과 사진을 지참

■ 수첩형 자격증

⚠ 유의사항

◈ 면허증 발급과 관련하여 변경의 여지가 있어서 자세한 사항은 시청, 군청, 구청 홈페이지에 접속해 보거나 전화로 문의하는 것이 바람직하다.

2. 건설기계조종사 면허증 발급

■ 굴삭기 운전기능사에 합격한 자가 굴삭기를 조종하기 위해서는 반드시 건설기계조종사 면허증을 발급받아야 한다.

- 자격증과 면허증은 다른 것이다. 굴삭기를 조정하기 위해서는 반드시 면허증을 발급받아야 한다.
- <u>면허증 발급 없이 사고가 발생하면 문제가 될 수 있다.</u>

■ 접수처: 시청, 군청, 구청

■ 접수방법: 방문 또는 우편(방문하여 즉시 처리 가능)

■ 수수료가 있으며, 신청서는 접수처에 구비되어 있다.

■ 구비서류

- 신체검사서
- 6개월 이내에 촬영한 사진(3.5×4.5) 2매
- 주민등록정보, 국가기술자격증, 운전면허정보

■ 면허증

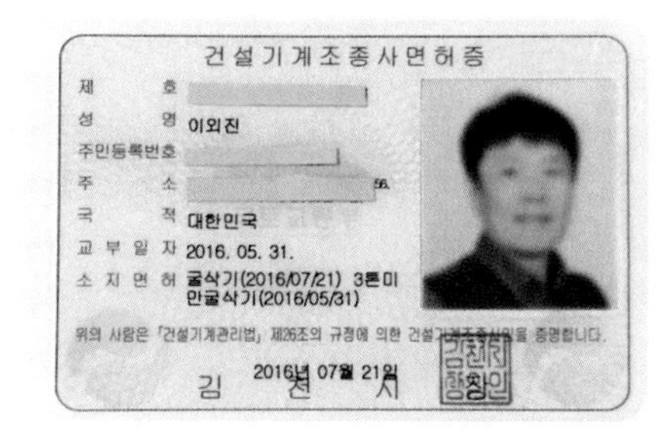

⚠ 유의사항

◈ 자격증 발급과 관련하여 변경의 여지가 있어서 자세한 사항은 큐넷에 접속하거나 한국산업인력공단에 전화로 문의해야 한다.

3. 건설기계조종사 정기 적성검사

■ 건설기계조종사는 「건설기계관리법」 제29조에 따라 10년마다 정기 적성검사를 받아야 한다.

- 65세 이상인 경우에는 5년이다.

■ 기간 내에 적성검사를 받지 않으면 「건설기계관리법」 제44조 제1항에 따라서 최고 50만 원 이하의 과태료가 부과될 수 있다.

- 이후 정기 적성검사를 받지 않거나 적성검사에 불합격한 경우에는 면허가 취소될 수 있다.

■ 적성검사 방법

- 제1종 자동차운전면허증 제시
- 보건소 및 지정 의료기관에서 검사하여 발급한 제1종 운전면허에 요구되는 신체검사서를 지참하여 방문
- 제출서류: 건설기계조종사 면허증, 6개월 이내 촬영한 상반신 컬러사진(3.5×4.5㎝) 1장

■ 과태료 부과금액

- 적성검사를 받아야 할 기간 만료일부터 30일 이내: 2만 원
- 30일을 초과할 경우에는 매 3일 초과 시마다 1만 원 가산(최고 50만 원)
- 과태료 체납 시 「질서위반행위규제법」에 따라 최고 75% 가산금 추가

⚠ 유의사항

◈ 정기 적성검사와 관련하여 변경의 여지가 있어서 자세한 사항은 시청, 군청, 구청 홈페이지에 접속해 보거나 전화로 문의하는 것이 바람직하다.

VI
별지

캄차카 여행 중에

별지 1 나만의 코스운전 시간안배 시간표

작업단계	누계 주행거리	누계 주행 시간	소요 시간 (누계)	누계 권장 시간	나의 시간안배
① 시험시작 전 준비			30분		
② 탑승 전 준비			최소 0분 최대 48분		
③ 탑승 후 준비			15초		
④ 출발 의사표시			5초		
⑤ 코스 출발			5초		
⑥ 출발선 통과	00.0m	00초	0초(0초)	000초	초
⑦ 정지선 정차	12.5m	23초	3초(3초)	026초	초
⑧ 전진주행	25.0m	45초	0초(3초)	048초	초
⑨ 도착선 정차	25.0m	45초	3초(6초)	051초	초
⑩ 도착선 후진통과	25.0m	45초	3초(9초)	054초	초
⑪ 정지선 후진통과	37.5m	68초	0초(9초)	077초	초
⑫ 후진주행	50.0m	90초	0초(9초)	099초	초
⑬ 종료선 후진통과	50.0m	90초	0초(9초)	099초	초
⑭ 주차구역	50.0m	90초	0초(9초)	099초	초
⑮ 주차선	50.0m	90초	0초(9초)	099초	초
⑯ 주차	50.0m	90초	5초(14초)	104초	초
⑰ 기어, 브레이크, 안전벨트	50.0m	90초	3초(17초)	107초	초
⑱ 정리 및 하차	50.0m	90초	3초(20초)	110초	초

- 장비조작이 미숙하여 110초를 초과할 수 있으며, 꾸준한 연습과 시행착오를 통해서 나만의 시간안배를 찾아간다.
- 능숙한 장비조작으로 시간을 단축하기보다는 적정한 시간안배를 권한다.

별지 2 나만의 코스운전 가상 Point

작업단계	가상 Point				
	매우 우수	우수	보통	미흡	매우 미흡
① 시험시작 전 준비	10	8	6	4	2
② 탑승 전 준비	10	8	6	4	2
③ 탑승 후 준비	10	8	6	4	2
④ 출발 의사표시	10	8	6	4	2
⑤ 코스 출발	10	8	6	4	2
⑥ 출발선 통과	10	8	6	4	2
⑦ 정지선 정차	10	8	6	4	2
⑧ 전진주행	10	8	6	4	2
⑨ 도착선 정차	10	8	6	4	2
⑩ 도착선 후진통과	10	8	6	4	2
⑪ 정지선 후진통과	10	8	6	4	2
⑫ 후진주행	10	8	6	4	2
⑬ 종료선 후진통과	10	8	6	4	2
⑭ 주차구역	10	8	6	4	2
⑮ 주차선	10	8	6	4	2
⑯ 주차	10	8	6	4	2
⑰ 기어, 브레이크, 안전벨트	10	8	6	4	2
⑱ 정리 및 하차	10	8	6	4	2
Point 합계	**+ + + + = Point**				
Point 평균	**Point 합계÷18 = Point**				

- Point 평균이 6 이상이면 반복 연습 필요
- Point 평균이 6 미만이면 시행착오, 단계별 대책, 충분한 연습이 필요

별지 3 나만의 굴착작업 시간안배 시간표

작업단계	작업횟수	작업 시간 소요 시간	권장 누계 시간	나의 시간안배
① 시험시작 전 준비		30분		
② 탑승 전 준비		최소 0분 최대 100분		
③ 탑승 후 준비		15초		
④ 작업 의사표시		00초	0분 00초	분 초
⑤ 흙 파기 ⑥ 평삭 버킷	1회	45초	0분 45초	분 초
⑦ 흙 파기 후 회전 ⑧ 평삭 버킷 회전구역 통과	2회	45초	1분 30초	분 초
⑨ 흙 쏟기 준비 ⑩ 흙 쏟기 ⑪ 빈 버킷	3회	45초	2분 15초	분 초
⑫ 흙 쏟기 후 회전 ⑬ 빈 버킷 회전구역 통과	4회	45초	3분 00초	분 초
⑭ 면 고르기 준비		05초	3분 05초	분 초
⑮ 끌면서 면 고르기		08초	3분 13초	분 초
⑯ 밀면서 면 고르기		07초	3분 20초	분 초
⑰ 면 고르기 상태		00초	3분 20초	분 초
⑱ 버킷 착지		05초	3분 25초	분 초
⑲ 엔진출력, 안전레버		05초	3분 30분	분 초
⑳ 기어, 브레이크, 안전벨트		05초	3분 35초	분 초
㉑ 정리 및 하차		05초	3분 40초	분 초

- 장비조작이 미숙하여 3분 40초를 초과할 수 있으며 꾸준한 연습과 시행착오를 통해서 나만의 시간안배 시간표를 찾아간다.
- 능숙한 장비조작으로 시간을 단축하기보다는 적정한 시간안배를 권한다.

나만의 굴착작업 가상 Point

작업단계	작업상태 Point				
	매우 우수	우수	보통	미흡	매우 미흡
① 시험시작 전 준비	10	8	6	4	2
② 탑승 전 준비	10	8	6	4	2
③ 탑승 후 준비	10	8	6	4	2
④ 작업 의사표시	10	8	6	4	2
⑤ 흙 파기	10	8	6	4	2
⑥ 평삭 버킷	10	8	6	4	2
⑦ 흙 파기 후 회전	10	8	6	4	2
⑧ 평삭 버킷 회전구역 통과	10	8	6	4	2
⑨ 흙 쏟기 준비	10	8	6	4	2
⑩ 흙 쏟기	10	8	6	4	2
⑪ 빈 버킷	10	8	6	4	2
⑫ 흙 쏟기 후 회전	10	8	6	4	2
⑬ 빈 버킷 회전구역 통과	10	8	6	4	2
⑭ 면 고르기 준비	10	8	6	4	2
⑮ 끌면서 면 고르기	10	8	6	4	2
⑯ 밀면서 면 고르기	10	8	6	4	2
⑰ 면 고르기 상태	10	8	6	4	2
⑱ 버킷 착지	10	8	6	4	2
⑲ 엔진출력, 안전레버	10	8	6	4	2
⑳ 기어, 브레이크, 안전벨트	10	8	6	4	2
㉑ 정리 및 하차	10	8	6	4	2
Point 합계	**+ + + + = Point**				
Point 평균	**Point 합계÷21 = Point**				

- Point 평균 6 이상이면 반복 연습 필요
- Point 평균 6 미만이면 시행착오, 단계별 대책, 충분한 연습이 필요

VI. 별지

별지 5 전국 중장비 시험장 장비기종 현황

[2019. 05. 23. 기준. 자료 출처: 큐넷(Q-Net) 홈페이지(www.q-net.or.kr)에 접속하여 공지사항 검색에서 "시험장" 또는"기종"으로 검색]

연번	기관명	시험장명	코스주행	굴착작업
01	서울지역본부	○○ 중장비 직업 전문학교	현대	현대
02		○○ 중장비 운전학원	현대	현대
03		○○○○ 중장비 운전학원	현대	현대
04	부산지역본부	○○○○ 상설시험장	두산	두산
05	울산지사	○○ 중장비 직업 전문학교	현대	두산(궤도)
06		○○ 중장비 교육원	두산	두산
07	중부지역본부	○○○○○○ 인천연수원	두산	두산
08		○○○○○○ 기술교육센터	두산	두산
09		○○○○ 자동차 정비학원	현대	현대
10		○○ 중장비 운전학원	현대	현대
11	경기지사	○○○○ 시험장	현대	현대
12		○○○○ 중장비 전문학원	현대	현대
13	경기북부지사	○○○○○○ 인력개발원	지게차 시험만 가능	
14	대구지역본부	○○○○ 직교	두산	두산
15		○○ 중장비 직교	볼보	볼보
16		○○ 대학교	볼보	볼보
17	경북지사	○○ 중장비 직업 전문학원	볼보	볼보
18	경북동부지사	○○ 직업전문학교 실습장	두산	두산
19		○○ 직업 전문학교	현대	현대
20		○○ 직업 전문학교	현대	현대
21		○○ 직업 전문학교	두산	현대
22	광주지역본부	○○ 중장비 학원	볼보	볼보
23		○○○○ 직업 전문학교	볼보	볼보
24		○○ 직업 전문학교	볼보	볼보
25	전북지사	○○○○ 크레인 학원	현대	현대
26		○○ 중장비 전문학원	두산	두산
27		○○ 직업 전문학교	두산	두산
28		○○ 중장비 학원	볼보	볼보
29		○○ 직업 전문학교	두산	두산

연번	기관명	시험장명	코스주행	굴착작업
30	전남지사	OO 중장비 학원	볼보	볼보
31		OO 중장비 학원	볼보	볼보
32		OO 중장비 학원	현대	현대
33		OO 중장비 학원	볼보	두산
34		OO 중장비 학원	삼성	현대
35	목포지사	OO 직업 전문학교	볼보	볼보
36		OO OOOOOO 학원	볼보	볼보
37	대전지역본부	OO 중장비 학원	현대	현대
38		OO 중장비 학원	현대	현대
39	충북지사	OO 중장비 운전학원	볼보	볼보
40		OO 중장비 운전학원	볼보	볼보
41	충남지사	OOOO 중장비 학원	현대	두산
42		OO 직업 전문학교	볼보	볼보
43		OO 중장비 운전학원	현대	현대
44		OO 중장비 운전 전문학원	현대	현대
45		OO 직업 전문학교	두산	두산
46	강원지사	OOOO 시험장	볼보	볼보
47		OOOO 중장비 시험장	볼보	볼보
48	강원동부지사	OO 직업 전문학교	볼보	볼보
49		OOOOOOOO 훈련원	두산	대우
50	제주지사	OOOOOO 제주 캠퍼스	현대	현대
51		OO 고등학교	지게차 시험만 가능	
52		OOOOOO 과학고	현대	대우

- 현대: ROBEX 1400W-7A, ROBEX 140W, HW 145
- 두산: DX 140W, DX 140WA, DX 140W-5K, DX 140W ACE, SOLAR140-V(궤도)
- 볼보: EX 145, EW 145B, EW 130, MX 132W
- 대우: 130W-V, 130W-5
- 삼성: MX6W

※ 세부적인 장비기종은 한국산업인력공단 해당 본부나 지사 또는 시험장에 반드시 문의해서 확인해야 한다.

- 왜냐하면 시험장 여건이나 사정에 따라서 변경될 수 있기 때문이다.
- 장비 고장 등으로 인하여 임시로 다른 장비가 투입될 수도 있다는 점도 유의해야 한다.

VI. 별지

별지 6 시험장에서 바로 실격(불합격)될 수 있는 경우

■ 코스운전

- 제한 시간 2분을 초과한 경우
- 버킷, 암, 붐이 움직여서 조작미숙이나 안전사고의 우려가 있는 경우
- 주차 후에 기어와 브레이크 조작미숙으로 장비가 움직이는 경우
- 수험생이 출발 의사표시를 하고 감독위원이 호각으로 출발신호를 했는데 1분 이내에 앞바퀴가 출발선을 통과하지 못한 경우
- 브레이크를 해제하지 않고 체결된 상태로 출발선을 통과한 경우
- 전진주행에서 정지선에서 정차하지 않고 전진주행한 경우
- 뒷바퀴가 도착선을 통과하지 않은 상태에서 후진주행으로 앞바퀴가 도착선을 후진통과한 경우
- 도착선 정차 후에 브레이크 체결된 상태로 후진주행한 경우
- 주행차로 측면의 차선이나 고깔을 접촉(터치)한 경우(출발선, 정지선, 도착선, 종료선, 주차구역선, 주차선은 제외)
- 종료선 통과 후에 앞바퀴를 주차구역에 주차하지 않는 경우

■ 굴착작업

▸▸▸ 제한 시간 4분을 초과한 경우

▸▸▸ 고정된 굴삭기가 움직이거나 요동쳐서 조작미숙이나 안전사고의 우려가 있는 경우

▸▸▸ 조작미숙으로 조정박스와 안전레버를 풀림(Unlock)하지 못한 경우

▸▸▸ 조작미숙으로 엔진출력(RPM)을 제대로 조작하지 못한 경우

▸▸▸ 토취장 및 사토장의 제한선에 접촉(터치)한 경우(눈에 보이지 않는 가상 제한선도 터치하면 실격)

▸▸▸ 장애물 지점의 양쪽 장대 및 장애물 하한선을 터치한 경우

▸▸▸ 장애물 지점의 장애물 상한선을 버킷이 벗어난 경우

▸▸▸ '홈 파기-회전-쏟기'를 4회 미만(1회, 2회, 3회)으로 작업한 경우

▸▸▸ 면 고르기 작업을 하지 않고 버킷을 착지하여 작업을 완료한 경우

▸▸▸ 과회전 경계선에 접촉(터치)한 경우

※ 보다 자세한 것은 큐넷(Q-Net) 홈페이지를 참조해야 한다.
시험장에 배치된 감독위원이나 관리위원의 성향에 따라서 다소 차이가 있을 수 있다.

■『굴삭기 운전기능사 실기 편』을 읽어 주신 곧 합격할 응시생 여러분들에게 감사의 인사를 드립니다. 내놓기에 부끄러운 점이 많음에도 출판을 결심하게 된 것은 실기시험과 관련된 서적으로는 본 책이 처음이라는 개척자 정신이었습니다. 무식하면 용감하다고 일단 저질렀습니다.

■ 저자는 글을 전문적으로 쓰는 작가가 아닙니다. 평범하게 공대를 졸업해서 건설 관련 회사에 다니는 직장인입니다. 그렇다 보니, 본 참고서가 독자들이 보기에는 다소 두서가 없을 수도 있습니다. 비록 두서는 없지만, 그래도 합격을 위한 기본과 원칙에는 변함이 없다고 생각하며 합격을 위한 길라잡이가 될 수 있기를 소망합니다. 혹시라도 참고서의 내용이 독자의 의견과 상충한다면 합리적인 고민을 통하여 선택하시기 바랍니다.

■ 다시 한번 감사의 인사를 드리며 꼭 합격하시기를 기원합니다. 이 책이 도움이 되었거나 수정사항이 있을 경우 메일로 연락해 주시면 적극적으로 검토해서 반영하도록 하겠습니다(leeoejin@ex.co.kr).

■ 참고서가 나오기까지 도움을 주신 분들에게 감사의 인사를 드립니다.

- 우선, 끊임없이 격려해 준 우리 가족에게 감사 인사를 드립니다.
- 평면모형 작도에 도움을 주신 이선호 님에게 감사 인사를 드립니다.
- 입체모형 제작에 도움을 주신 미래기획 정은영 님에게 감사 인사를 드립니다.

- ㅇ 응원해 주신 한국도로공사 포항-영덕 건설사업단 권오근 단장님과 모든 직원분에게 감사 인사를 드립니다.
  - 3주 동안 카메라 거치대 안 갖다주고 결국에는 핸드폰을 꽂을 수도 없는 삼각대를 협조해 주신 윤기덕 님께 감사 인사를 드립니다.
  - 조건 없이 흔쾌히 건설 현장 사진을 주신 현승학 님, 캄차카 여행 사진을 주신 안상현 님, 몽골 여행 사진을 주신 김한익 님에게 감사 인사를 드립니다.
- ㅇ 굴삭기 사진 촬영에 협조해 주신 고속국도 제65호선 포항-영덕간 건설공사 한화건설 박일성 소장님, 현대산업개발 최성일 소장님, 장도순 소장님에게 감사 인사를 드립니다.